隨手家事清潔百科

天然掃除，不煩不累，
讓家事變成只花一分力氣的小事

微家事，
是實踐美好
生活的開始

你對家的想像是什麼呢？

有一座充滿食物香氣的廚房、清新怡人的浴室、一踏進就備感舒適的客廳與臥室……

但反觀現實，卻發現自己的生活環境和理想背道而馳，生活空間雜亂不堪……這是因為沒有好好善待家的緣故！

家的樣子，正是你真實人生的反射，你有多久沒有關心家裡的每個角落？

是否任憑它們滿佈灰塵、卡油堆垢……

家的美好不應該只存在漂亮的居家型錄裡，試著動手做家事吧，練習與家輕柔對話；

每天花點時間，隨手做一件把家變美的小事，漸漸地，你會發現生活與人生都變得不一樣。

CONTENTS

清潔用品篇

PART 1 理想家事清潔道具

客廳、臥房、浴室篇

PART 2 備感舒適的客廳

清爽好眠的臥房

帶來好運的清新浴室

PART 5 零油感的安心廚房

PART 7 令肌膚安心的溫柔洗滌

PART 8 衣物的晾曬、熨燙與整理

理想家事清潔道具

家是你每天生活的地方，
所以應該用更安心的素材來對待它！
別再用強力化學品做打掃了吧，
只要用對清潔法及配搭天然素材，
讓家事變成隨手就能實踐的小事。

各式各樣的天然素材

雖然市面上的清潔劑有很多，但考慮到全家人的健康，不如試著用天然素材來做家事吧，除了使用起來安心之餘，有些素材的價格也很平民親切。例如清潔之王小蘇打粉、去霉的白醋、潔用酒精⋯等等，好用選擇還不少呢！

POINT1

平價又減少化學毒害

用天然素材做清潔，讓食、居家生活都更安心，雖然化學清潔劑標榜快速去汙，但清潔力強也相對提高危險性，不利於有小寶寶或毛孩子的家庭。其實，只要養成隨手清潔，就不需強力清潔劑，試著用天然素材打理家吧。

POINT2

用完記得妥善保存素材

天然素材沒防腐劑，需妥善保存或儘快用完，例如小蘇打粉或檸檬酸粉用玻璃瓶保存，使用時再另裝在噴瓶或小罐中，避免潮氣進入。

POINT3

肌膚敏感者請配戴手套

雖然是用天然素材做清潔，但建議肌膚敏感者，仍先戴上清潔手套，以免手部肌膚過乾不適；家事完畢後，也請確實洗手，順便做手部保濕保養。

小蘇打粉

潔白柔軟的小蘇打粉，是在日、台都很受歡迎的清潔素材，因為它能變化不同方式使用，而且去垢潔白的效果很不錯。小蘇打粉的成分即碳酸氫鈉，在超市或居家用品賣場都能購得，價格便宜。

WAY1	WAY2	WAY3	WAY4
小蘇打乾粉	小蘇打水	小蘇打糊	小蘇打粉加香氛

乾粉使用時，可以撒在髒汙處，幫助磨擦汙垢做刷洗；亦可和白醋配搭使用，兩者會產生起泡作用，幫助去汙或保養水管、清潔排水孔。

小蘇打粉加入水中（大約500ml的水加兩大匙小蘇打粉）調勻，再倒入噴瓶，就成為超簡易的隨手清潔劑，幫助你有效率打掃各個居家空間。

將小蘇打粉慢慢加水以2：1混合，濃稠的小蘇打粉是很好的研磨素材，幫助去汙垢、潔白杯子…等等，用手直接沾取或用舊牙刷配搭清潔，用途相當廣。

小蘇打粉可以吸濕去味，建議可以和香草（例如乾燥薰衣草）混合，或把乾粉裝在有孔的小容器中，再滴幾滴精油，不僅吸濕更有芬香效果。

白醋

潔做菜時常見的白醋,可抑菌防霉並讓廚房用品變光亮。它的使用法也頗多樣化,可以和小蘇打粉、精油一起合併使用。它和小蘇打粉一樣,能做成隨手使用的清潔或防菌劑,是必備的平民好素材。

WAY1

醋水

白醋和水以2~3:1混合,做成可防霉的醋水,用來清潔廚房、浴室;但因為無防腐劑,隔一陣子請更換或儘早用完。

WAY2

醋水加精油

如果不喜歡醋的味道很重,也可以加幾滴精油一起調,用來中和廁所異味、菸味…等。

WAY3

醋加小蘇打粉

和小蘇打乾粉一起使用時,可直接用原液使其起泡,或調成濃一點的醋水噴灑汙垢處,再倒小蘇打粉刷洗。

皂

鹼性的皂，可將其刨成絲，或把用到小小塊的皂蒐集起來，與水一起使用。市面上也有黑橄欖製成的黑肥皂濃縮液，以原液或稀釋方式做多種居家清潔。

WAY 1	WAY 2	WAY 3
皂絲	肥皂水	黑肥皂液

選用一般香皂或家事皂都可以，刨成絲再裝入小網或濾水袋做使用，搓洗局部汙垢時很方便。

把皂絲加到溫熱水裡攪拌，變成肥皂水，變成芳香又能清潔的好物，用來清潔浴室或濕敷在壁面平台。

用純橄欖油皂化而製成的肥皂濃縮液，用途相當廣，可用原液洗衣或稀釋做居家清潔，還能倒入排水孔防蟑。

這些生活素材也能做家事！

有一些廚房或平日常見的素材，也能拿來做家事清潔哦，是不必花費大錢的家事好幫手，而且各有各的專長所在，能清潔或去味。

A 酒精

酒精有消毒殺菌作用，做家事或用於簡易防菌時，購買75%的潔用酒精就足夠，可和精油一起併用。

B 啤酒

啤酒有去油汙的不錯效果，比如擦拭廚房流理台、平台…等，去油又幫助提昇光亮度。

C 檸檬酸粉加水

和水調勻使用，能幫助去除水垢，讓水龍頭…等五金變潔亮，若用在玻璃上，也有使其變光亮的效果。

D 精油

是小蘇打粉、醋、酒精的配搭好朋友，增添自然香氛於空間中，選擇自己喜愛的味道，讓家事變得愉悅起來。

E 麵粉

麵粉用於吸油時的清潔處理，例如廚房碗盤、油網清潔…等，先用麵粉吸附油再做清洗，會省力不少。

F 檸檬

食材也能拿來當清潔素材，做完菜可用它簡單清潔碗盤、磨亮水龍頭…；亦可和水混合，當成去油芳香劑噴灑，或置於冰箱除臭。

G 牙膏

牙膏有光亮和輕微研磨效果，讓五金或鏡面變光亮，而且有清新好味道。除了買家用牙膏，每次旅行外宿時會有的小牙膏可留下來，方便你做一次性清潔用。

H 鹽巴

鹽巴的顆粒能夠幫助研磨去汙，像是去除物品殘留的黑色壓痕。此外，也能調成鹽水，用來保養牙刷。

I 柑橘皮

吃完的柑橘類果皮別丟掉，它的用途相當多，除了去味，還能簡單加工做成清潔劑或清潔液，柑橘皮表面的精油有去汙和芬香效果，橘子或柚子皮都適用。

J 茶葉、茶包

泡過的茶葉渣，可當成冰箱去味劑，還能拿來掃地、幫助帶起地面灰塵；而茶包能為鞋子或話筒去味；喝剩的茶可拿來有效清潔手機表面的油垢、手垢。

K 咖啡渣

咖啡渣和茶葉一樣，是許多人熟知的去味幫手，能置於冰箱或廁所當芳香劑。使用時，記得要定期做更換，因為咖啡渣裡會有微量水分，會有發霉可能。

L 馬鈴薯皮

做完菜的馬鈴薯皮，有時可以留下來擦玻璃杯、鏡子、窗戶玻璃…等，迅速讓它們變得潔亮。

M 洗米水

含有澱粉的洗米水，除了拿來洗碗，還能拿來擦拭木地板，溫和清潔同時讓木地板變亮些。

N 蛋殼

蛋殼碎能用來清潔水壺、果汁機、去除奶瓶的酸味…等，用途不少。但使用前，記得先把蛋殼裡的膜去除，並且確實洗淨、晾乾後再拿來做家事清潔。

提升效率的清潔工具

想把家事變輕鬆,好用工具絕對能幫助清潔效率。不過市面上的選擇那麼多,該怎麼挑選呢?以下就來稍微了解一下,面對琳瑯滿目的工具時,怎麼看、怎麼挑才能買到自己合用的。

POINT1

挑選吊掛式及可替換式

清潔用的工具怕潮,因此有吊掛孔設計,方便清洗後吊掛風乾或晾曬。而現在也有單支桿子就能換不同清潔頭的用具。

POINT2

好握設計才易於使用

挑選刷具時,可注意一下握把設計是否順手,取用時好施力、好轉動、好擰乾,或是能否服貼於手心…等,這樣做家事時才會輕鬆。

POINT3

用手掌寬度來測量

買抹布、海綿時,建議稍微比對一下手掌寬度,過大或過硬的材質,洗滌及扭擰時會比較辛苦;尤其女生的手較小,選對工具尺寸使用才省力。

一次認識各式打掃工具！

有些廚房或平日常見的素材，也能拿來做清潔哦，是不必花費大錢的家事好幫手。

A 科技海綿
科技海綿用於潔亮五金、居家環境，能有效去除因濕氣而生的黑斑，市售有符合手掌大小的長方形、可一次使用就丟棄的小方塊形，還有可自行裁剪大小的形式。

B 抹布類
市面上抹布材質多樣，有的是纖毛、有的是不織布、棉紗…等，請依據欲清潔區域的材質分別挑選，此外易乾性及尺寸大小也很重要。

C 毛線抹布
毛線抹布是洗碗時的得力助手，能幫助去油並減少洗碗精用量，市面上有做成小塊扁形的，或內含海綿，以及小型有花樣的款式。

D 菜瓜布類
分有不同粗細和材質面，請依據欲清潔區域的分別挑選，購買時和自己的掌心比對一下，是否好握好拿，洗滌或長時間清潔時才輕鬆。

E 刷子類
依據欲清潔的空間，刷子有許多種設計，比如針對隙縫使用的尖角刷，或是廚房用的鋼絲絨刷、馬桶專用刷、能處理大面積的平頭刷…等，挑購時請注意材質，以免傷及物品表面。

F 棉棒

連牙刷或毛刷都深入不了的地方，就請棉棒來代勞吧！針對小隙縫的灰塵和垢，能一次把髒汙都帶起來。

G 布手套

分有不同粗細和材質面，請依據欲清潔區域的分別挑選，購買時和自己的掌心比對一下，是否好握好拿，洗滌或長時間清潔時才輕鬆。

H 噴瓶＆玻璃罐

噴瓶除了能裝各式清潔劑之外，在任何有吊桿的地方，能立體收納很方便；而玻璃罐和撒粉瓶也是必備的，保存和使用素材清潔時才能防潮。

I 廚房紙巾

廚房紙巾除了吸油吸水，還可拿來濕敷使用，和小蘇打水、醋水…等一起配搭，幫助軟化汙垢；此外也能綁在竹筷上去塵，做一次性使用。

J 濕紙巾

臨時需要濕擦清潔的急救隊，除了一般使用及外出必備，綁在竹筷上也很好用，清潔小物件時可幫助去汙，若含酒精成分的話，還能抗菌。

K 烤肉刷、牙刷

針對難觸的隙縫，你需要小刷頭的牙刷來幫忙，把用過的舊牙刷蒐集起來，就是清潔利器；而長毛的烤肉刷，則能輕鬆帶走細部灰塵，例如窗軌。

L 黏把滾輪

居家必備的去塵幫手，特別是織品上的毛髮灰塵，全部幫你帶走，但需注意不同廠牌的膠紙黏性有異；除了短把手的，也有長桿的可供選購。

M 刮刀

想去除水分時最好用，不管是玻璃、鏡面…等，除了短把手的，也有長桿設計，適用於高處壁面這類不易搆到的地方。

N 掃把類

常見的有塑膠和鬃毛掃把，此外也有桌上型的小型掃把，平日使用除了用於地面，也可套上舊絲襪，去除高處或天花板附近的灰塵。

O 拖把類

材質挑選需易乾避免發臭；此外，握柄重量和長度也得注意，使用時才會省力好拖。另外也有兩用型拖把，能更換除塵紙和布，乾濕一網打盡。

P 除塵撢

家中每天都有落塵，備一支除塵撢在臥室或客廳，利用零碎時間拿出來把灰塵抹一抹，它也能深入隙縫，清潔無死角，從小地方就能培養習慣。

Q 吸塵器

吸塵器種類、外型選擇多，吸力強的能快速且全面除塵，輕巧型的則利於女生使用、時常打掃，手持式的則方便到處走，以及滿足車內清潔使用。

這些生活素材也能做家事！

R 小布塊

舊衣服或舊浴巾、毛巾不要丟，特別是棉質的話，是很好用的清潔素材，剪成小方塊用盒子收納在桌邊，能隨手去塵後就丟棄；亦可綁在竹筷上變清潔刷。

S 竹筷

外出用餐時留下的多餘竹筷，把它們蒐集起來，用小布塊或化妝棉包住再用橡皮筋綁緊，清潔小隙縫時很好用，做一次性丟棄；亦可替換成濕紙巾做濕擦。

T 報紙

報紙上有油墨，能拿來擦拭鏡面或玻璃窗，使其變亮。或者是撕成小塊再沾濕，掃地時能幫助帶起灰塵。

U 舊絲襪、襪子

舊的乾淨絲襪、襪子和舊衣服一樣，是便利去塵素材，利用摩擦力和織品表面的纖維，能極輕鬆地把灰塵都抓住，效果不輸除塵撢，用完直接丟棄即可。

愛護辛苦的清潔道具們

奮力輔助你做家事的清潔工具們，在打掃結束後，難免會沾染垢、灰塵、毛髮，為避免汙垢卡在表面，請好好清洗它們再放通風處晾曬。清潔工具變乾淨了，下次打掃時才不會讓家愈清愈髒。

POINT 1

用後就清潔工具

每次做完家事，就順手清潔工具，去除毛髮或髒汙處，以免工具表面或內部殘留髒汙；清潔後吊掛在室外或通風處晾曬、保持乾燥。

POINT 1

確實晾曬的訣竅

晾曬需要濕洗的長柄工具或刷具時，例如拖把、刷子，或者是抹布…等，記得讓前端儘量不落地，離地吊掛或倒著放，以便讓剛才洗過的地方更快乾。

POINT 1

清潔後簡單防霉

清洗後的工具再加一道簡單手續，輔助去味防霉，例如抹布或海綿，可浸泡加了精油或白醋的小蘇打水去味，再噴點酒精防霉；讓工具們隨時處於清爽狀態。

抹布清潔

WAY1

在用畢的抹布上，均勻撒上小蘇打粉或噴小蘇打水，並且搓洗。

WAY2

亦可備一鍋熱水，倒入小蘇打粉和幾滴精油，煮抹布消毒後再清洗一次。

海綿清潔

STEP1

在水盆中倒入溫熱的小蘇打水。

STEP2

把事洗搓洗過的海綿丟入小蘇打水中浸泡，靜置一陣子後拿起，清水洗淨。

刷子掃把清潔

WAY 1

做完家事，就順手把小刷子上或掃把頭上的毛髮、灰塵先清掉。

WAY 2

若是可清洗的刷子，可浸入溫熱的小蘇打水清潔，之後再用清水洗淨。

吸塵器清潔

STEP 1

用棉棒或烤肉刷，把吸塵器頭的毛髮、灰塵先清掉，之後再用擰乾抹布擦拭機身。

STEP 2

拆開機身的集塵處，用不要的布或布手套清潔，之後再用擰乾抹布擦拭。

自製居家簡單去菌劑

這款去菌劑非常簡單，可以噴灑居家空間、隨手擦拭桌面地面，以及簡單清潔寶寶用品（非食器類）和玩具、外出道具。

| 使用區域 |

桌面、地面、櫃子、非食器類用品、玩具、馬桶。

素材
75%潔用酒精10ml
水適量
精油數滴

作法

1 準備一只乾淨無水分的噴瓶。瓶中倒入水和潔用酒精。

2 加數滴自己喜歡的精油，搖勻即完成。

為清潔工具們找一個家

HOW TO STORAGE YOUR CLEANING TOOLS?

做完家事後，小工具們應該有自己的家，為它們打造一個專屬收納的區域，然後擺放在最順手好拿的地方，是收納也是清爽晾曬。

適用：小型刷具

在浴室或廚房裡，若沒有地方可掛清潔道具，那就用防水掛鉤黏壁面，讓馬桶刷或小刷具能立體收納在牆上，不佔空間。

適用：長形小工具

細長形的小工具，像是棉棒、布塊（或紙巾）綁竹筷，是衣物清潔或小隙縫清潔時最好用，用筒或杯或玻璃瓶收納不散亂。

適用：清潔劑

裝在噴瓶裡的清潔劑最常和海綿、抹布一起用，用完後別放在潮濕地面或亂擺，掛在毛巾桿上立體收納，做家事時也好找。

清潔6訣竅

6 TIPS HELP US TO KEEP OUR SHOES

適用：海綿、抹布

用吊掛夾或洗衣夾收納海綿，好處是能到處吊掛，隨時都可保持風乾狀態。

適用：多類型小工具

如果壁面有位置，又想把工具們都蒐集在一起的話，網片加S鉤或掛鉤很便利。壁面上先貼黏鉤，再掛上網片即可。

適用：舊衣物小布塊

除了市售除塵用品，家裡的舊衣物也是很好的去塵素材，把棉質舊衣剪成小方塊收納進方盒，放在客廳茶几抽屜或臥室桌面，隨手去塵。

LIVING-ROOM CLEANING

備感舒適的客廳

客廳是長時間待著的空間，

這個區域也是家中小寶貝和毛小孩很常待的地方，

因為難免會手觸或腳踏，

用天然素材來打理，

避免化學物接觸肌膚。

讓客廳常保乾淨的祕訣

針對客廳清潔，除了室內部分得注意之外，玄關或一進門的入口處也很重要，因為每天一回家，會把外面的塵土泥沙帶進來，因此做好玄關清潔和鞋子整潔的話，能夠阻絕髒汙與異味。

POINT1

玄關清潔決定家的乾淨度

玄關清潔包含一進門的地板區域及鞋櫃，建議每週拖地、清潔腳踏墊；易有腳汗味的球鞋、靴子，一回家先放在通風處，不要立即收進鞋櫃，以免不好氣味久存鞋櫃，可用有孔容器裝小蘇打粉並滴幾滴精油，吸濕去味。

POINT2

營造舒爽地板空間

地板清潔非常重要，先乾擦吸塵再濕處理，拖地時可用整桶小蘇打水再加點精油或潔用酒精，使地板乾爽。此外，拖鞋清潔也不能忽略，因為底部會沾塵，順手做擦拭，才不會因為走動而沾到每個居家空間。常常清潔地板，更有助提昇居家空間的清新度。

POINT3

每日的落塵隨手清

每日的落塵比肉眼看得到的還多，家中有過多的塵，不僅對呼吸道不好，而居家空間也會變得灰暗。不妨在茶几附近放個除塵撢或放有小布塊的盒子吧，看電視的廣告時間或臨時想做清潔的時候，隨手拿來抹灰塵，快速便利。

玄關

STEP1　　　　　　STEP2

鞋櫃去味

平時除了去塵，再噴簡單去菌劑（作法見29頁）擦拭鞋櫃。

備一容器裝滴入了精油的小蘇打粉，置入鞋櫃吸濕去味。

POINT1　　有腳汗味的鞋子，先放通風處晾再收。

STEP1　　　　　　STEP2

磁磚乾爽

鞋櫃附近或玄關入口處，先乾式吸塵。

接著噴醋水或小蘇打水濕拖地面。

POINT2　　若想要磁磚變亮，可噴些柑橘清潔劑（作法見122頁）再拖一次。

STEP1　　　　**STEP2**

先用除塵紙拖把或吸塵　　用洗米水或是加精油的小
器，徹底去塵。　　　　　蘇打水清潔擦拭木地板。

POINT1　　　若想要木地板再亮，可用黑肥皂稀釋液再拖一次。

STEP1　　　　**STEP2**

準備簡單去菌劑（作法見　　使用抹布進行擦拭，不易
29頁），直接噴在門把上。　清的小隙縫，可用棉棒沾
　　　　　　　　　　　　　點去菌劑清潔局部。

POINT2　　　去菌劑也可以直接噴在門鈴、對講機…等易有手垢處
　　　　　　　做清潔。

家具

地毯去味

STEP1

先用黏把或吸塵器去除表面毛髮,在地毯上均勻撒上小蘇打粉。

STEP2

用刷子刷一下再把小蘇打粉抖掉,或吸除剩餘的粉。

茶几桌面乾爽

STEP1

準備柑橘清潔劑(作法見122頁)擦拭。

STEP2

常常擦拭桌面,讓油垢不累積於表面。

POINT 用洗米水、小蘇打水,也能溫和清潔桌面。

STEP1

先用除塵紙拖把或黏把去塵。

STEP2

把檸檬粉和水調勻，倒入噴瓶，噴在榻榻米上，一邊擦拭即可。

塌塌米清潔

GOOD IDEA

由上而下開始清潔吧！

清潔時，別忘記由上而下的清潔順序，特別是大掃除的時候，先清潔高處讓塵落下後，再清潔櫃子、桌面，最後是地面。如果天花板實在不易觸及，這時就用有吸塵器的延長管接頭來幫忙，或是長柄的長毛刷，都能把灰塵一掃而空。

WAY 1   **WAY 2**

 沙發去塵保養

布沙發：如果家中的是布沙發，平時隨手用黏把去塵。黏把去塵。

皮沙發：若是皮沙發，可用嬰兒油擦拭表面做保養。

POINT   若布套可拆，與小蘇打粉一起進洗衣機裡洗。

STEP 1   **STEP 2**

椅子清潔

若是塑膠椅，噴點小蘇打水擦拭。

人體常觸到的把手、底部加強擦一次。

POINT   若是木椅，用小布塊沾一點點橄欖油做擦拭保養。

STEP1

STEP2

木櫃保養

用乾布或除塵撣先去掉木櫃表面灰塵，接著在表面噴檸檬水，做第一次擦拭。

最後，用小布塊沾一點點橄欖油，保養木櫃表面。

STEP1

STEP2

電視櫃清潔

先用除塵撣或舊襪子抹去櫃上灰塵，準備小蘇打水或柑橘清潔劑擦拭表面。

有局部汙的話，沾點小蘇打糊刷洗後再擦一次。

家電

STEP1

用除塵撢抹掉音響表面的灰塵。

STEP2

難深入的隙縫，用棉棒沾小蘇打水擦。

POINT 完成清潔後，可順便用剛才的棉棒清潔音響的遙控器上的手垢。

STEP1

遙控器清潔

用棉棒沾點小蘇打水，清潔隙縫手垢，接著用擰乾抹布再全面擦拭一次。

STEP2

或用小方塊科技海綿，能迅速擦去手垢髒汙。

STEP1

先用超纖維抹布拭去螢幕的灰塵。

STEP2

扁型的除塵撢也很好用，清潔底部。

電視表面去塵

POINT 把舊絲襪套在衣架上，伸入電視下方擦拭，也能溫柔拂去灰塵。

GOOD IDEA

3C用品清潔

大家常在臥室裡用手機、平板電腦、筆記型電腦，每天觸摸它們，表面都是霧霧或白白的手垢油垢累積，用喝剩的茶來試著做簡易清潔，用衛生紙或棉棒沾點茶液擦拭表面，能把按鍵和螢幕的髒汙都快速去掉，立即還它們一個乾淨清爽。

電話去垢

STEP1

STEP2

用棉棒沾小蘇打水，清潔按鍵隙縫。

比較重汙處，比如把手和話筒，就用科技海綿擦拭。

POINT 清潔時也可以沾點檸檬水擦，能去手垢且芳香。

電風扇清洗

STEP1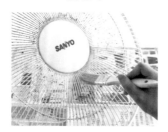

STEP2

用烤肉刷或乾淨舊襪子，先抹去灰塵。

噴小蘇打水在抹布上，擦乾扇葉和機身、按鍵處。

POINT 去塵後的扇葉，可浸到肥皂水裡清洗，再裝回機身。

STEP1

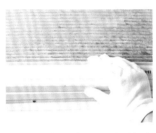

用布手套先去除冷氣機身的灰塵。

STEP2

用烤肉刷,深入清潔隙縫處,最後噴小蘇打水在抹布上,擦拭機身表面。

冷氣機身清潔

STEP1

STEP2

冷氣濾網清潔

先用烤肉刷或不要的舊牙刷去塵。

噴肥皂水把濾網整個刷洗乾淨。

POINT 刷洗乾淨後,記得拿到通風處晾乾,定期清濾網,空氣才乾淨。

GOOD IDEA

難清理的燈泡,就用布手套幫忙!

有時覺得清潔燈泡很麻煩,圓形的倒還好,但螺旋形的就不太好清,這時可改用布手套來試試,深入燈泡細縫很方便;而且手握著燈泡做清潔,安全性也比較高。除了燈泡,可卸除的燈罩也要定期清,因為裡頭容易有積塵和小蟲屍體。

玻璃窗中汙

STEP1

在整面玻璃窗上先噴灑肥皂水。

STEP2

在重汙處，蓋上保鮮膜，靜置。撕掉保鮮膜，再擦拭一次。

POINT 可噴點檸檬酸水使其更亮。

玻璃窗潔亮

STEP1

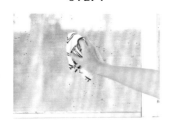

先用濕報紙擦拭一次玻璃。

STEP2

在玻璃面均勻噴上小蘇打水，擦拭。

POINT 也可試試馬鈴薯皮，搓洗霧面處，會變得光亮。

窗軌去塵

STEP1

用烤肉刷或舊牙刷，先去除窗軌灰塵。

STEP2

用小布塊沾肥皂水，或濕紙巾綁竹筷，深入濕擦。

POINT 將除塵紙綁在竹筷上，亦方便去塵。

窗簾清潔

STEP1

準備裝有小蘇打水加精油的噴瓶。

STEP2

噴灑在窗簾上，然後拍乾即可。

POINT 除了日常清潔，窗簾是織品易沾塵，得定期清洗，可加小蘇打粉一起機洗清潔。

STEP1 | STEP2

紗窗輕汙

用烤肉刷先拭去紗窗表面的灰塵，再把棉質舊衣剪成小塊，沾肥皂水刷洗。

把濕紙巾綁在竹筷上，清潔局部隙縫處，乾濕處理後再整體擦拭一次。

POINT 烤肉刷、舊牙刷都是能輔助清潔紗窗、窗軌的好物。

STEP1 | STEP2

紗窗重汙

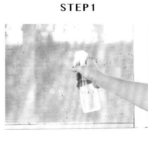

用烤肉刷先拭去紗窗表面的灰塵，接著，均勻且大面積地噴上肥皂水。

把棉質舊衣剪小塊或用大刷子刷洗。

STEP3

邊清潔邊噴肥皂水，用隙縫刷清死角。

STEP4

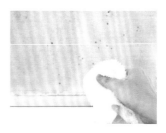

最後用抹布擦拭清洗乾淨即可。

POINT 如果紗窗可卸除，建議拆下來再做以上清潔動作會更方便。

GOOD IDEA

百葉窗灰塵
布手套快速帶走

一條一條的百葉窗，可以使用布手套或麻手套來清潔，記得先乾擦後，再濕處理。市面也有販售專門清潔百葉窗的刷子，深入隙縫更全面。

鞋子清潔與去味

CLEANING SHOES AND REMOVE THE TASTE

跟著你活動一整天的鞋子，鞋內會殘留腳汗，若回家後就馬上放進鞋櫃，汗和菌就會在鞋內孳生；建議先放通風處一陣子再收納，讓濕氣散去；其他簡易清潔和去味方式也一併整理給你。

清潔6訣竅
6 TIPS HELP US TO KEEP OUR SHOES

回家時，鞋子若沒有因下雨而沾到水分，可用毛刷或棉質小布塊、舊襪子先撢去灰塵泥土；並在表面噴點小蘇打水拭乾放通風處。若遇雨天，請確實將鞋子擦乾，再放通風處乾燥後清潔。

除了皮鞋專用的鞋油外，也可以用嬰兒油來使皮鞋表面光亮，操作前先用毛刷或舊牙刷把灰塵去掉，再使用棉質舊衣布塊，沾點嬰兒油擦拭皮鞋表面，光亮效果也很不錯。

把小蘇打粉和乾燥香草放入茶袋，或把乾燥香草換成精油，與小蘇打粉混合，再包入茶袋中，放入鞋內去濕之餘且有芬香效果。如果手邊有小顆的香氛蠟燭，也能放鞋內當香氛。

布鞋最易有汗氣和味道，請選個好天氣清洗晾曬，除了用小蘇打粉加水浸泡幫助潔白，也可用舊牙刷或鞋子專用刷，沾黑肥皂原液刷洗局部重汙，其清潔成分能幫助去汙且讓鞋裡異味去除。

鞋墊若無法拆，建議加裝替換式鞋墊，方便時常清洗、晾曬，以免腳汗殘留。刷洗時可浸含氧漂白水，平時撒點小蘇打粉乾爽，放通風處靜置一會兒再倒掉。或者，市售也有黏貼式吸汗墊，定時替換免清洗。

除了室外鞋，也別忘了家裡的那一雙，請替拖鞋底部定期去塵，並擦拭汙垢（塑膠材質）或清洗布面（布材質）；若是長毛材質，撒些小蘇打粉再刷除，拖鞋乾淨才不會讓剛掃好的地板又變髒了。

清爽好眠的臥房

寢室是我們睡眠、充電的小窩，
也是出門前穿衣梳妝的場所，有一間潔淨的臥室空間，
不但能讓心情愉悅放鬆，也有益於睡眠健康，
早上醒來面對清爽的環境，頭腦彷彿也更清晰！
用心對待臥室，用心對待自己的起居。

隨手可做的臥室清潔

臥室首重織品清潔和生活小物去塵，特別是織品會接觸到全身肌膚、臉部肌膚，而塵則會影響到呼吸道健康；在台灣的過敏者又特別多，家中有小寶寶和寵物的人更需要正視這部分。

POINT1

準備立即除塵的好幫手
黏把滾輪、除塵撢、除塵紙拖把是幫你和塵說掰掰的貼身護衛，因為體積和重量都輕巧，所以清潔起來一點都不費力。如果走環保路線，也可備一盒棉質舊衣剪成的布塊、舊絲襪、舊襪子，是省錢的立即除塵幫手。

POINT2

清潔用具放在隨時可拿之處
要讓清潔輕鬆實現，得把清潔用具放在自己看得到的地方做提醒，床鋪附近、床頭櫃，或者是梳妝台的側邊，放置清潔工具，就能隨手做清理。

POINT3

無塵床鋪是健康之源
許多人穿得光鮮亮麗出門，但床鋪卻是髒到不像話，寢具久久才清一次，或是堆放雜物衣物…等，床鋪整潔與否絕對影響你的健康，今天起，你還要和滿床灰塵毛髮一起入睡嗎？

寢具

STEP1

STEP2

枕套清洗

沾黑肥皂液局部去汙，刷洗枕套中央最髒處。

浸入水中搓洗後，放入洗衣袋中，和洗衣精、小蘇打粉一同機洗。

STEP1

STEP2

被套清洗

清洗之前，先用黏把滾輪去塵，並沾點洗衣精或黑肥皂液去局部汙垢。

放入機洗。如果是特殊質料的被套，請套入洗衣套中溫柔機洗。

GOOD IDEA

定時清潔寢具，常保呼吸道健康

每日躺臥的寢具織品，除了灰塵毛髮，也會殘留一些體垢，但很多人會忽略它，讓一套寢具使用很久才洗。為保呼吸道和肌膚健康，常清洗寢具並在太陽下晾曬是相當重要的。

STEP 1

把小蘇打粉撒在枕心或抱枕中央。

STEP 2

用毛刷讓小蘇打粉更均勻散佈，刷過去味後，再置通風陰涼處讓濕氣散掉。

枕頭、抱枕去味

STEP 1

平時用黏把或是寬版膠帶，黏除床鋪及四周毛髮灰塵。

STEP 2

大面積的地方，就用毛刷清潔比較快。

床鋪去塵

GOOD IDEA

隨手可做的床鋪清潔

每天溫柔包覆人體的床鋪，表面的毛髮、灰塵量也很驚人，有的甚至肉眼看不見，在床邊或抽屜裡備一支黏把滾輪，時常把床鋪表面的毛髮清潔一下，黏紙撕了就丟很方便；不然每天都在灰塵毛髮的圍繞下入睡，時間一久，對肌膚或呼吸道都不是件好事。

STEP1

用除塵撢拭去床頭板及櫃的表面灰塵。

STEP2

去塵完水洗，亦可把舊衣剪成小塊，隨手清完就丟。

GOOD IDEA

讓塵不掉落床鋪由上而下清潔，

臥室大掃除時，記得也採由上而下的原則，先清天花板、衣櫃，讓塵落下後再清床鋪、清洗床單...等，以免灰塵落在乾淨的床單上囉。

地板

磁磚

STEP1

用除塵紙拖把乾擦磁磚，或把舊衣服剪成適合大小，裝在除塵拖把上去塵。如果灰塵多，用吸塵器清潔大面積。

STEP2

噴醋水或小蘇打水濕拖地面。

木地板

STEP1

除塵之後，在抹布上噴小蘇打水或浸洗米水，套在除塵拖把上濕拖或直接擦。

STEP2

最後把抹布浸在黑肥皂水裡再擦拭，不僅清潔也能讓木材質光亮。

GOOD IDEA

清潔邊角
用隙縫專用接頭

床下是容易積塵的地方，還有房間邊邊的小角落也易卡塵，用隙縫專用的吸塵器接頭來攻破它們，並且不要在角落堆放雜物，以免變成塵的快樂新家。

燈具去汙

常備一支小巧除塵撢，方便隨手清理表面和底座。如果灰塵較多，可用舊絲襪或布手套快速除塵。

開關去汙

WAY1

WAY2

用科技海綿能快速去除開關手垢。

或者以舊牙刷沾點牙膏刷，亦能去汙。

POINT　去掉局部汙後，在抹布上噴點小蘇打水再擦拭一次。

梳妝台

STEP1

用長毛纖維除塵撢去大面積灰塵。或用棉質舊衣剪小塊也很方便拭塵。

STEP2

細部的地方，就用紙巾綁竹筷深入各個隙縫。

STEP1

用市售的粉撲專用去汙劑先搓洗。

STEP2

備一盆溫熱小蘇打水，泡入海綿粉撲。

POINT

刷具也可用此方法清潔，浸泡後再刷洗並晾曬。

GOOD IDEA

梳妝台清潔隨手可做的

面對日復一日、惱人落塵問題，準備一個桌上型小掃把或是除塵撢，能深入隙縫並且溫柔去塵，在梳妝完畢後，就立刻抹去桌面灰塵再出門。除此之外，用舊的腮紅刷、大型化妝刷，也可以當桌面清潔刷。這些小幫手可吊掛或收納在桌邊較為方便。

生活小物

STEP1

STEP2

吹風機清潔

若吹風有出風口網子，先拆下來清。再用噴有小蘇打水的抹布清潔本體。

易有手垢處，用棉棒沾點肥皂水去除。

STEP1

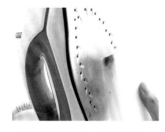

STEP2

POINT

金屬面上的重汙，可沾點小蘇打糊局部去除。

熨斗清潔

先用科技海綿去除熨斗表面髒汙。

在抹布上噴點小蘇打水擦拭本體。

GOOD IDEA

常保地面乾爽隨手吸附頭髮，

臥室地板最常見的清潔困擾，就是頭髮，尤其是留長髮的女生，只要一梳妝或吹完頭髮，地板上就滿佈髮絲。備一支除塵紙拖把在臥室角落吧，在梳妝完畢後，隨手吸附頭髮；或是化妝時常會隨手抽而留下用過但仍乾淨的衛生紙，用它們簡單抓取地板頭髮也好用。

毛小孩生活區域清潔

和你情同家人的毛小孩，也能用天然素材來照顧他們哦，像是雙腳耳朵、玩具及外出道具…等，只要準備兩項優秀又多用途的天然素材，就能完成基礎清潔。

呵護 9 訣竅

9 TIPS ABOUT TAKECARE OUR PETS

把黑肥皂液稀釋，用棉棒沾一點，就能清潔狗狗貓貓的耳朵。

每次出外散步回來，用黑肥皂稀釋液噴在抹布上，用來幫狗狗擦雙腳去汙也防菌。

狗狗貓貓的飼料碗、喝水盆都會有口水和垢，同樣用黑肥皂稀釋液擦拭再清洗。

把小蘇打水噴在抹布上，把外出籠的垢或髒汙都擦拭一遍，並放到通風處散去濕氣。

先用黏把滾輪去除狗狗貓貓的毛髮，再均勻倒上小蘇打粉，乾刷後拿去晾曬。

備一盆溫熱的小蘇打水，把項圈、外出繩都浸入並靜置，之後再取出刷洗。

布材質玩具會吸滿毛小孩的口水，用小蘇打水清潔，再浸入黑肥皂稀釋液中搓洗，確實晾曬。

若是塑膠材質，就直接噴上小蘇打水做擦拭，或浸到小蘇打水裡清洗亦可。

針對愛偷尿尿的毛小孩留下的痕跡，用黑肥皂稀釋液加抹布來清潔，乾淨又能確實去味。

帶來好運的清新浴室

浴室的明亮度、通風性、乾爽與否，
和你的健康也有關係，因為水氣常存的浴室，最易產生霉和黃垢，
不益於人體。如果浴室沒有小窗，那更需做好清潔，
把握浴後時間做一分鐘打掃，長期下來，不僅霉垢遠離你，
明亮清新的浴室也會帶來好運氣。

維持浴室乾爽的好習慣

每天都會使用的浴室,盛接了你疲憊一天後沐浴後的汙垢,而沐浴後因為有水氣和熱氣殘留,所以浴室最易潮濕發霉。想避免黑斑或水垢佔領浴室空間,在沐浴後做簡易清潔,準備小塊的科技海綿、抹布、刮刀…,隨手拭去水分,讓浴室隨時身處於乾爽狀態。

POINT1

浴後一分鐘清潔術

沐浴後,趁整間浴室都瀰漫熱蒸氣,這時去汙去水分最快速!為方便做簡易清潔,用小方塊的科技海綿(用能隔離水分的保存容器存放),用一次就能直接丟掉;或吸水抹布、刮刀,去除地面和鏡面水分,但使用後務必風乾。此外,也可趁睡前清潔馬桶,刷洗後用小蘇打水和紙巾濕敷、潔白內部,隔日早上再沖掉或丟棄。

POINT2

減少濕氣附著可能

許多人會在浴室內堆放各式雜物,像隱形眼鏡用品、卸妝道具、雜誌和書、小孩洗澡玩具…,甚至晾曬清洗完的內衣褲。長期下來,濕氣轉變成物品上的霉和細菌,皮膚再接觸的話,很不健康。無法隔絕水分的物品,請收納能確實密閉的櫃子裡維持七分滿,以便清潔。而易受潮的內衣褲和紙製品,將它們請出浴室,避免成為霉與菌的最佳溫床。

POINT3

鏡子明亮度是清潔指標

平時若有浴後隨手清浴室,壓力會減少許多,那何時要整體清潔呢?不妨看看鏡子和玻璃層架的明亮度吧,若漸漸有點霧面,代表差不多該人掃除一次囉。

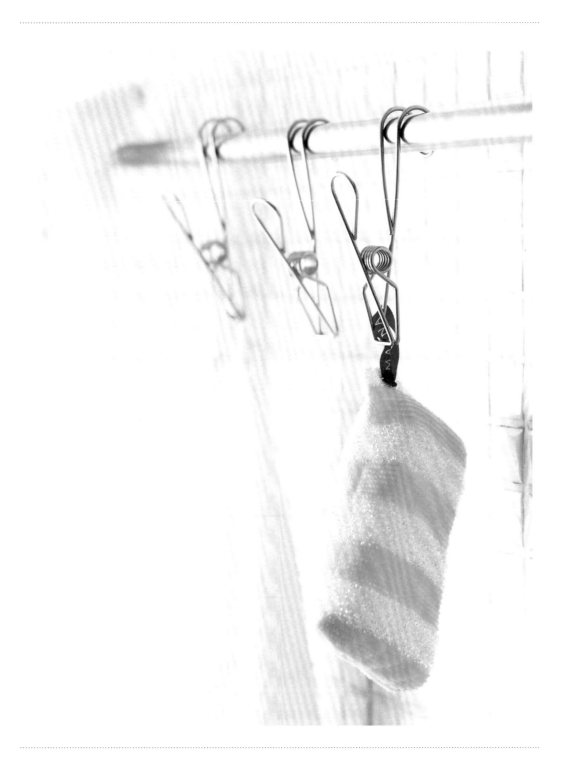

馬桶

馬桶內部

STEP1

清潔時或睡前,在馬桶內部汙垢處鋪上紙巾。用濃一點的小蘇打水噴濕後,靜置。

STEP2

隔天沖掉紙巾或拿起丟棄,刷洗後倒入黑肥皂液去味。

馬桶外部

STEP1

在馬桶外側及水箱上蓋處噴醋水,擦拭整個外部以及馬桶底座。

STEP2

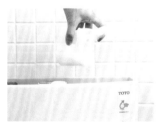

適時撒一些小蘇打粉,保養水箱。

馬桶隙縫

STEP1

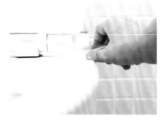

用舊牙刷刷洗馬桶不易清潔到的隙縫。

STEP2

或將舊衣物剪成小塊布，擦拭完就丟。

STEP3

用廚房紙巾綁竹筷，清除馬桶內黃垢。或換用800號以上的水砂紙，去除馬桶內的重垢。

STEP4

最後記得馬桶蓋的內外、馬桶底部也一起擦拭乾淨。

浴缸區

STEP1　　　　　　STEP2

浴缸去汙

用舊牙刷沾小蘇打糊，刷
洗局部汙垢。接著用抹布
沾黑肥皂液，擦拭整個浴
缸內部。

底部的洩水處也別忘記，
用科技海綿清潔底部。

STEP1　　　　　　STEP2

水龍頭潔亮

舊牙刷沾點牙膏，刷洗表
面和出水口。或用科技泡
綿擦拭，也能快速潔亮。

為防發霉，清潔完可噴點
酒精幫助乾燥和去霉。

POINT　去掉局部汙後，在抹布上噴點小蘇打水再
擦拭一次。

STEP1

STEP2

蓮蓬頭清潔

用舊牙刷沾小蘇打糊，刷洗表面隙縫。清洗時，可噴些小蘇打水幫助刷洗。

在乾淨水盆裡加點醋，將蓮蓬頭旋開，浸泡後，再刷洗一次。

GOOD IDEA

蓮蓬頭水管的潔亮法

除了浴室空間清潔，每天會用到的蓮蓬頭更要定期清洗，因為內、外非常容易卡水垢。舊牙刷幫助你清理細部，而水管處則可以用黑肥皂水擦拭；或噴檸檬酸水加紙巾濕敷後再刷洗。蓮蓬頭乾淨了，你洗澡用的水也才會乾淨。

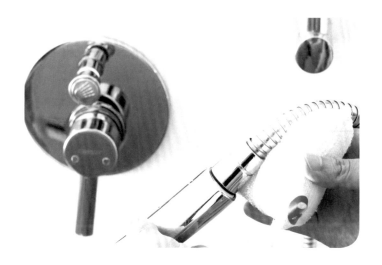

洗手台

水龍頭潔亮

STEP1

檸檬酸粉加水裝入噴瓶，
噴灑在水龍頭表面刷洗。
重垢處，可用醋水加紙巾
濕敷靜置。

STEP2

接著用舊牙刷刷洗水龍頭
細部。

POINT1

亦可用科技海棉擦拭，快
速變得潔亮。

POINT2

烹調剩下的檸檬，也能拿
來刷水龍頭，增加亮度。

STEP1

STEP2

臉盆潔亮

易卡垢的洩水孔，拿用剩檸檬刷洗。或是鋪上紙巾，噴醋水濕敷後再刷。

最後在週遭撒小蘇打粉，加白醋起泡，清潔加保養水管去味。

STEP1

STEP2

鏡面潔亮

平日浴後用刮刀去水分，再噴小蘇打水於整個鏡面。

擦拭鏡面後，用棉花棒沾小蘇打糊刷。

POINT

用做完菜剩下的馬鈴薯皮，刷洗鏡面的局部汙垢，亦有不錯效果。

牆面與地面去霉清潔

STEP1

平日沐浴後，用隙縫刷隨手刷洗牆面地面。

STEP2

或者用科技海綿，也能有效去霉垢。

STEP3

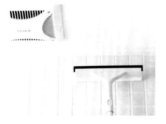

浴室高處，用長柄刮刀去除水分。

STEP4

亦可噴醋水在抹布上，整面擦拭防霉。

POINT　浴室的玻璃層架或吊櫃表面水垢，亦可使用以上方式清潔擦拭。

換氣扇去塵

STEP1

在換氣扇的表面，噴上小蘇打水。

STEP2

用廚房紙巾包竹筷，清潔隙縫處。或用不要的布塊包竹筷，清完換氣扇後就直接丟棄。

排水孔保養

STEP1

先刷洗排水孔一次，清除四周毛髮後，在排水孔附近，撒滿小蘇打粉。

STEP2

噴一些濃醋水，使排水孔四周起泡再刷洗，清潔兼保養。

毛巾桿

STEP1

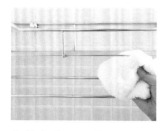

在抹布上噴小蘇打水，擦拭毛巾桿。

STEP2

或用毛線材質的海綿，擦拭細部。

STEP3

最後，可噴上酒精再擦拭一次防霉。

玻璃門

STEP1

浴後先刮除玻璃門上的水分。

STEP2

可噴醋水防霉，或用檸檬酸粉調水，噴灑擦拭，幫助光亮。最後再用乾抹布整體擦拭。

地墊

STEP1

浴室外的地墊,先用黏把去塵和頭髮。

STEP2

接著在重汙處均勻撒上小蘇打粉。最後用刷子把粉刷掉、拍掉。

GOOD IDEA

地墊定期清理與曝曬

浴室地墊容易沾染水分、毛髮,除了用小蘇打粉乾洗做整理之外,最好定期清潔,再用濕的方式做清洗。

長毛地毯

洗長毛地毯時,用一般清潔劑搓洗或刷洗後,將小蘇打粉加點精油,均勻噴灑在地墊表面,幫助趣味,再放到通風處晾乾。

塑膠地毯

若材質是塑膠,則用肥皂水刷洗後,再噴上醋水或酒精防霉,最後拿到通風處或選擇太陽天做消毒晾曬。

浴室小物

皂盒去垢

STEP1

備一盆溫熱水，加入小蘇打粉，浸入皂盒。

STEP2

用舊牙刷刷洗，亦可沾點小蘇打糊幫忙去汙。

浴球去汙

STEP1

備一盆溫熱水，倒入一點白醋。

STEP2

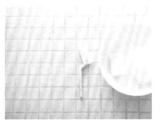

放入浴球或沐浴巾，浸泡，搓洗後倒掉水再洗一次。

水盆去垢

STEP1

用舊牙刷沾小蘇打糊刷汙垢和底部，或用科技海綿，清洗內外大面積。

STEP2

洗淨水盆後，底部噴醋水防霉，直立擺放不貼地，風乾才徹底。

STEP1

STEP2

牙杯內外去垢

手沾點小蘇打糊，刷洗牙杯內部。易殘留水的底部，也要深入刷洗乾淨。

刷洗之後，用小方塊科技海綿清潔牙杯外、底部再沖洗。

STEP1

STEP1

牙刷清潔

毛巾清潔

先洗淨牙刷上的垢或殘渣，備一杯小蘇打水浸泡、保養牙刷。

將毛巾泡於溫熱的小蘇打水，加入精油香氛清洗，最後晾曬。

瓶罐底部清潔

STEP1

備一盆溫熱水，倒入一點白醋。把瓶罐底部浸入醋水中，靜置。

STEP2

用舊牙刷沾小蘇打糊刷洗。

吊掛架去汙

STEP1

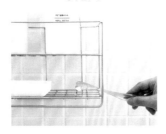

用舊牙刷沾點牙膏，刷洗吊掛架。

STEP2

噴點小蘇打水在抹布上，先擦拭一次。最後噴醋水在抹布上，擦拭表面防霉。

浴 室 常 保 乾 爽 訣 竅

HOW TO KEEP THE BATHROOM DRY AND CLEAN

浴室清新,每日使用起來也舒適,況且浴室整潔與人體肌膚、口腔衛生
大有關聯,是特別需留心整理的居家空間。把握幾個訣竅,做好浴室整
頓清潔,從此擺脫討厭的黃垢黑霉。

隨手6訣竅

6 TIPS HELP US TO KEEP THE BATHROOM DRY

TIP 1 **TIP 2** **TIP 3**

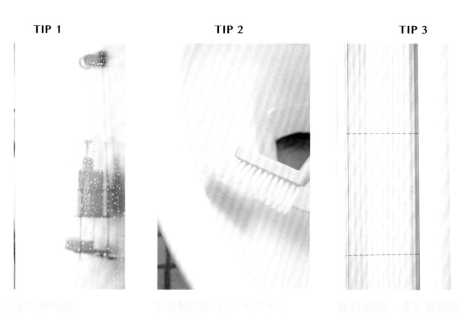

沐浴後為何是最佳清潔時機呢？一方面是熱蒸氣會軟化汙垢，此時去汙最省力；再者，洗澡後，油垢毛髮才剛落地，馬上整理能免除髒汙不斷累積。

常備浴室清潔小幫手，能貼心幫你隨手去水潔垢，可一次性使用的科技海綿、專攻隙縫的舊牙刷和尖頭隙縫刷，撥水用的刮刀…等，吊掛在顯眼處以便使用，並定期清潔晾曬。

浴後就立刻開門和窗，打開通風扇，讓濕氣確實散去、幫助空氣對流；此外，易潮物品、內衣褲、甚至毛巾浴巾，也避免直接放浴室裡，浴後儘可能晾曬在無濕氣處。

隨手6訣竅

6 TIPS HELP US TO KEEP THE BATHROOM DRY

TIP 4

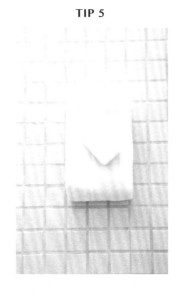

浴室裡的小物件，一旦沾水、落地就易生黑斑，可以準備一個水桶或大水盆，定期浸泡溫熱的小蘇打水清洗，去除它們表面的水垢，並噴灑醋水做防霉動作。

TIP 5

浴巾毛巾每日得拭去浴後的肌膚水分，所以易殘留濕氣，建議常洗滌、不吊掛浴室內；清洗時可加點小蘇打粉和幾滴精油，去味又潔白，並記得時常更換。

TIP 6

浴室置物櫃、吊櫃、洗手台下方的櫃子內，要避免放易潮的東西，例如衛生棉。平時浴後，儘可能隨手用刮刀或抹布拭去表面水分，再用酒精或醋水擦拭防霉。而浴用拖鞋底部也易生黑斑，建議平日浴後可拿出來放浴室外，或定期清洗。

KITCHEN CLEANING

零油感的安心廚房

廚房清潔度會影響到食的安全與否，

除了檯面上看得到的流理台、瓦斯爐區…等等需清理之外，

容易變成食物黑洞的冰箱和常使用的廚房小家電，

也請時常關心愛護它們。

BATHROOM
CLEANING

廚房的清潔祕訣

廚房是居家清潔中最棘手的空間之一,因為烹調過程中難免留下油垢焦垢,又有食材垃圾和廚餘堆積。如果放置太久,汙垢會日漸變質,這時反而得用強力化學清潔劑做處理…其實,烹調後最合適做清潔!

POINT1

烹飪後的順手清潔術

每次做完菜,廚房空間溫度較高,這時去汙比較容易,建議準備一瓶天然清潔劑隨手用,利用做菜過程的空檔,邊整理流理台、壁面或除油煙機,讓油垢不累積至第二天。

POINT2

廚房整潔關鍵是抹布

抹布是廚房清潔要角,常得沾染油汙水分的它,請隨手清洗扭乾;做完拭乾動作後,也別丟在流理台邊,吊掛晾曬以避免細菌孳生和異味。能悉心顧慮到抹布整潔的人,廚房清潔會做得好許多。

POINT3

別讓冰箱變廚房黑洞

冰箱屬密閉空間,所以容易形成「什麼都能往裡頭冰」的恐怖黑洞。為避免冰箱深處裡的不明物體增多,請餵食冰箱八分滿即可,冷氣才有空隙流通;每週擦拭內部去汙或用天然素材去味。

一邊烹煮、一邊維持整潔

STEP1

削皮切完後整理廚餘

備料完，流理台滿佈濕答答的果皮菜葉，應儘快整理丟棄、擦乾檯面，以隨時保持此區塊的乾燥為宜。

STEP2

用完的器皿即刻洗

備料用的盤子或是玻璃小皿…等，也很容易就被順手堆在一旁，只要是不再用到的器皿，都建議即刻洗起來晾乾。

STEP3

養成食材隨手歸位

用不完的食材乾貨、醬料，用畢就放回原有位置，讓檯台整潔；特別是從冰箱拿出來的東西，易因失溫太久而變質。

STEP4

保持砧板清潔度

特別容易染色或沾腥味的食材，於切完之後，建議立即清洗砧板，以防細菌在表面上孳生之外，也防食材交叉汙染。

讓工作檯維持
整潔的要點

只要按照上頁的步驟和以下三個收整要點，從日常習慣培養起「一邊煮、一邊收」，這樣每次下廚時的檯面，就不會混亂到不知該從哪裡收拾才好了。

POINT1

準備兩個小桶（或小袋）於流理台邊，一個盛裝去掉水分果皮廚餘，一個盛裝廚餘外的其他垃圾。

POINT2

切菜削皮時，別讓蔬菜剩材滿佈流理台，一旦削好切完，就順手把殘葉果皮丟進桶（袋）中。

POINT3

醬料食材用完就立即歸位（特別是從冰箱拿出來的，免得失溫太久），儘量讓砧板區塊維持整潔。

烹調後的例行整理

STEP1

烹調完,先刷洗砧板正反面,並立體擺放收納。

STEP2

處理當天的碗盤,先洗不油的,再洗油的以防汙染。

STEP3

所有器皿鍋具清洗結束後,清潔刷洗水槽內壁。

STEP4

噴灑橘皮清潔劑於平台,做全面而完整的擦拭。

STEP5

烹調後,充滿油氣的牆面也一併擦洗,才會維持乾爽。

STEP6

以乾、濕方式整理好的廚餘去味後,再綁緊袋口。

有效率的洗碗順序

STEP1

先將重油膩和沒沾到油的碗盤做分類。

STEP2

用廚房紙巾或檸檬皮（或其他果皮）抹去表面油汙。

STEP3

重油膩的器皿泡在水中，可加點橘油清潔劑。

STEP4

先清洗不油的碗盤器皿，再取出浸泡去油過的器皿洗淨。

STEP5

洗碗後，菜瓜布上的油膩也得清潔，可倒點小蘇打粉搓洗，再擰乾吊掛。

STEP6

最後，流理台上的水漬得擦乾以免長霉，再徹底搓洗抹布並吊掛風乾。

POINT　洗碗時記得先處理重油垢的碗盤，去油後才與其他器皿一起清洗，否則油汙容易染到其他器皿和海綿，會愈洗愈油。

廚餘去味與整理

STEP1

帶有水分的果皮類或菜葉，先確實去掉水分。

STEP2

放入鋪有塑膠袋的廚餘桶中，並倒滿一層小蘇打粉，使表面乾燥。

STEP3

而食物殘渣以及骨頭…等可能帶來蟑螂螞蟻的廚餘，則另外裝袋。

STEP4

表面噴上橘皮油稀釋的清潔劑，再確實綁起來，和果皮菜葉分開放。

POINT 把握「乾濕分離」的清潔重點，將濕和乾的廚餘分開處理和去味，每次只要花個5分鐘，長期下來，廚房就能清新無異味。

廚具與器皿清潔

廚房裡的物品種類，比起其他居家空間多更多，每件道具材質和功能皆不同，因此選用及清潔保養也各有學問。

鍋具類

KITCHEN BASIC TOOLS

不鏽鋼鍋

特點

對高溫的耐受度佳

不易生鏽

保養不繁複

由於不鏽鋼鍋的厚薄程度不一，而且所含金屬並非肉眼能輕易辨別，因此挑選時得多了解複合金材質外，亦可參考鍋具上標示的鉻鎳元素比例，一般家庭烹飪使用304不鏽鋼（或稱18-8不鏽鋼），可耐酸鹼和抗腐蝕；或是316不鏽鋼（或稱18-10不鏽鋼），其耐酸鹼和抗腐蝕的程度又更高。

POINT

• 購入鍋子後，建議先開鍋，於鍋中先煮沸水，再加1-2大匙醋（醋1：水20），以小火續煮3分鐘後洗淨。
• 平時烹調完畢清洗後，記得確實擦去鍋面水滴，以免用久了產生霧面。

KITCHEN BASIC TOOLS

鑄鐵鍋

特點

- 導熱迅速
- 能維持鍋內溫度
- 烹調多用途

許多人愛用的鑄鐵鍋，是由生鐵和碳所製成，選購時若鍋內無化學塗層的會更好，如此烹調過程中，鐵離子就會釋出，藉由吃進料理來吸收鐵質。鑄鐵鍋比一般鍋子沉許多，部分品牌價格不便宜，但是好好照顧一只鑄鐵鍋，能使用很久，加上它的烹調用途廣，長期來看是值得購入的鍋具。鑄鐵鍋的保熱性特別好，燉煮料理、油炸、煎烤都適宜，還能用它來烤麵包。

POINT

- 剛買回的鑄鐵鍋，先用清水洗過再確實擦乾，然後於鍋面塗一層食用油，以小火慢慢燒，等於在表面上一層保護。
- 平時用完鍋子後，清洗時，要用軟毛刷清潔，以免傷到鍋面而留下刮痕，日後就容易生鏽。烹調時，也不宜用鐵鏟或可能傷及鍋面的廚具做烹調使用。

KITCHEN BASIC TOOLS

不沾鍋

特點

鍋面防沾黏

好清洗

烹調省油

所謂的不沾鍋,是鍋子表面有防沾黏的塗層(PTFE,聚四氟乙烯),特性是耐熱耐蝕耐磨擦,減少烹調時黏鍋難洗的困擾。而現今的不沾鍋塗層更講究安全,沒有PFOA、PFOS等對危害人體的成份,更高檔次的塗層會先採用陽極處理過的基底層或更高檔次的鈦陶瓷合金,以提升耐用度。

POINT

- 使用不沾鍋時,先將鍋內擦乾,以溫鍋溫油烹煮,並使用軟質鍋鏟;烹煮完一道菜後,得確實洗掉油漬後再繼續烹調,用軟質海棉和少量中性清潔劑清潔。

- 養鍋時,以半鍋水煮沸再倒掉,擦乾鍋子後,滴幾滴食用油抹勻鍋面,放置一段時間再洗淨鍋子,此程序每兩週進行一次。

KITCHEN BASIC TOOLS

 土鍋

特點

聚熱保溫效果佳

導熱及散熱較慢

具有溫潤質感

土鍋又稱為陶鍋,是具有吸水性的陶土所製作的鍋器,因為材質是陶土(粗土)的緣故,所以土鍋表面有粗大隙縫,這些隙縫有助於吸熱、蓄熱,所以燉煮料理時能有很好的保溫效果。土鍋不僅用於瓦斯爐,也能進烤箱使用,但使用完畢後,要讓土鍋放涼,用溫熱水洗淨後,再擦乾收納。

POINT

- 初次購買的土鍋,先清洗一次並擦乾內外,然後進行養鍋。可於鍋裡煮白粥,或是於八分滿的清水中加太白粉或麵粉,以小火煮,讓澱粉質充滿整個鍋內,以填滿隙縫毛孔。煮的過程可以攪拌一下,然後關火靜置三四個小時,之後再水洗一次,並用軟布擦乾整只鍋子。
- 若土鍋一陣子沒使用的話,重新要用時,得再養鍋一次才能烹調。

KITCHEN BASIC TOOLS

琺瑯鍋

特點

不會產生化學變化

抗酸抗鹽

保溫亦能保冷

琺瑯鍋具是金屬鐵燒再上一層有玻璃質地的釉藥，可用於瓦斯爐、烤箱烹調，但微波爐不適用。琺瑯鍋既能保溫，亦能保冷，於平日烹煮時用中小火即可，另記得別讓鍋子長時間煮沸或是空燒狀態，會造成鍋子龜裂的可能。由於琺瑯鍋是玻璃質地，所以不會產生化學變化，細菌和氣味也較難附著，常用來煮醬料或果醬時使用。因為琺瑯鍋的導熱效果佳，若鍋柄也是琺瑯材質的話，高溫烹調過程中會非常燙，得小心注意使用。

POINT

• 平日清潔時，建議用中性清潔劑和軟質海棉刷洗，避免在鍋子表面留下刮痕；保養時，於琺瑯鍋中裝清水，再加入小蘇打粉與白醋煮開，煮開後放涼，再整體清洗一次，最後擦乾置於通風處。

砧板

TYPE1 木砧板

木砧板的材質有很多,檜木、櫸木、松木、橡木…等等,有的是整棵樹橫切下來的圓形砧板,可以看得到年輪紋理。而價格比較平實的木砧板,大多是由多塊木頭拼接而成。使用木砧板的好處,特別是選用整塊木頭橫切的,在剁帶骨的肉品時,是安全且耐施力的。而木砧板使用久了,食物的油質和水分會滋潤並滲入裡頭,時間越長反而越耐用,而且細菌不會於表面孳生。

初次使用橫切的圓形木砧板前,務必先讓木頭泡水並充分吸水,之後再讓它完全陰乾就可以使用了。每次烹調使用完,只要用溫熱水沖洗再陰乾即可。

清潔方式

用刷子或是檸檬沾粗鹽,直接刷洗砧板表面,再沖水洗乾淨,最後放在通風處晾乾。木砧板不宜高溫烘乾,或是浸泡於水中做刷洗,會讓木質表面產生裂痕。木砧板若非經常使用的話,可適度以食用油塗抹表面並自然風乾,讓木砧板的抗潮性更佳。

TYPE2　竹砧板

竹砧板是將竹條刨過之後拼接，再刷上膠側壓高溫成形，有的是用天然的毛竹碳化處理而成。由於竹條厚度比木板薄上許多，所以大多都是層疊黏合的。竹砧板的特色是，其纖維組織比較硬，所以用久了，易使刀具變鈍。竹砧板好清洗，但因為竹片薄且拼接縫較多，所以會有孳生細菌的可能，購買時要多注意砧板的層疊接合製法。清潔時，可用軟質地海棉沾點小蘇打粉順著紋路刷洗即可，或以乾淨舊牙刷特別清潔隙縫處。清洗後，直立晾乾於通風處，而不要放置在烈日下曬。

TYPE3　塑膠砧板

塑膠砧板比較輕，而且價格親民，而膠面的砧板彈性比較大、密度也高。塑膠砧板相較於木砧板來說，是輕巧好移動的，但缺點是用久了，表面就會留下刀痕，而成為細菌孳生的溫床。基於這樣的特質，塑膠砧板較適合用來切蔬果，而不適合需要費力切剁的帶骨食材。

塑膠砧板若長期沾染水分、沒有確實乾燥的話，表面就會產生黑色霉斑。所以於每日烹調整理時，得用中性清潔劑刷洗，並直立擺放在通風處，讓塑膠砧板確實晾乾。

比較輕的汙漬，可用小蘇打糊濕敷於砧板表面，過15分鐘再洗掉。如果汙漬卡的比較深，則改以氧系漂白水加抹布來漂白。將乾淨的新抹布浸在漂白水中，濕敷在砧板表面20分鐘後刷洗乾淨；或將砧板浸泡在稀釋的漂白水裡20分鐘，取出後再刷洗並晾乾。

清潔方式

廚具小物

TOOL1

飯匙

木質飯匙若保存不佳，容易導致表面有裂紋，可於清潔後塗抹一點食用油保護表面。

TOOL2

磨泥板

隙縫很多的磨泥板特別容易卡髒，準備一支乾淨牙刷，就能徹底刷洗髒汙。

TOOL3

打蛋器

打蛋器的隙縫不易清潔，用軟布比刷子會更便利，能完全深入清潔每個部分。

TOOL4

剪刀

若臨時需要磨利料理用剪刀，可取一張錫箔紙用剪刀剪多次，能稍微讓剪刀變利一些。

TOOL5

篩網

篩網上的小隙縫髒汙，若沒有好好處理，久了就會黑黑的，以乾淨牙刷沾小蘇打粉輕鬆刷洗。

TOOL6

刨刀

刨刀用久了，刀面會霧霧的，這時可浸泡於溫熱的小蘇打水中一陣子再刷洗，以恢復光亮。

TOOL7

菜刀

刀背朝向自己,用錫箔紙將刀磨亮。或用小蘇打糊磨擦去重汙後清洗。若有做菜剩下的白蘿蔔頭,也可拿來磨亮刀子。

TOOL8

餐具

餐具霧霧時,沾些小蘇打糊磨擦表面,讓表面光亮,之後再清洗。平時清潔時使用毛線抹布,也能有效去油汙。

TOOL9

器皿

洗盤子前,用廚房紙巾或果皮去油渣。初步去油後的器皿或餐具浸黑肥皂水。最後再用毛線抹布或海棉,以清水洗淨一次即可。

TOOL10

玻璃杯

可噴檸檬酸水刷洗。喝不完的氣泡水,沾一點在表面擦拭,就能變得光亮(但不建議用有色或含糖的飲品)。

TOOL11

茶杯和馬克杯

茶杯和馬克杯需用小蘇打糊搓洗,將小蘇打糊直接沾在汙垢表面,磨擦去除茶垢後再清洗,杯子就會變白。

各區域的清潔要領

HOW TO CLEAN
AFTER
COOKING

廚房油垢是不少家庭於年底清潔時最頭痛的事,大部分是因為平時少了定期清潔的緣故。善用手邊容易取得的天然素材,於烹調後做簡單清潔,油垢就再也不是惱人問題。

流理台區

水龍頭去垢

STEP1

在整張廚房紙巾上噴醋水。

STEP2

將廚房紙巾濕敷在水龍頭上一陣子。

STEP3

拿掉廚房紙巾，刷洗水龍頭，可用牙刷沾點牙膏刷洗、幫助潔亮。

STEP4

亦可用科技海綿，在每日做完菜並擦拭平台之後，方便隨手去除水垢。

濾網與內壁清潔

STEP1

在流理台內壁均勻噴灑小蘇打水。

STEP2

刷洗內壁以及洩水孔,並用科技海棉拭去水垢。

STEP3

最後於流理台水槽四周,撒滿小蘇打粉。

STEP4

噴灑或倒入醋水,使其起泡就能清潔水管。

地面乾爽

STEP1

STEP2

將檸檬汁加水稀釋成清潔液備用,平日烹調完,噴灑於地板,進行清潔。

POINT　除了檸檬水,柑橘清潔劑也能乾爽地面。

抽油煙機

抽風機去垢

STEP1

拆下油網和集油盒,在抽風機表面噴溫熱水,軟化汙垢並靜置。

STEP2

清潔時用抹布邊擦,防止髒水滴下。

STEP3

用廚房紙巾先拭去集油盒內的油汙,再浸泡黑肥皂液。

STEP4

卸下的油網先浸溫熱小蘇打水刷洗。

STEP5

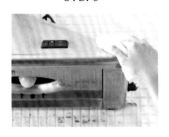

最後噴醋水,把抽風機內外、表面及開關再清潔一次。

集油盒（油垢重時）

STEP1

取一個塑膠袋，在袋中鋪廚房紙巾。

STEP2

將集油盒放入袋中，往盒裡噴溫熱小蘇打水，並靜置。待油汙軟化後，倒掉汙水。

STEP3

在集油盒內外，均勻撒上小蘇打粉。

STEP4

倒醋水使其起泡，最後把集油盒內外整個刷洗乾淨。

油網（油垢重時）

STEP1

找一個塑膠袋將油網裝入，在油網上撒麵粉吸油，放置一會兒。

STEP2

在油網上均勻噴灑小蘇打水。

STEP3

用牙刷仔細刷洗。完成後再噴醋水擦拭整個油網，就會更潔亮。

開關去油汙

STEP1

將檸檬汁和水調成清潔液，噴灑在開關上。

POINT

亦可噴醋水，或是用檸檬角刷洗，同樣能夠去除油膩感。

STEP2

用抹布擦拭開關、邊緣處。

POINT

小方塊的科技海綿也很好用，每日用來擦拭開關很快速。

瓦斯爐區

爐口去垢

STEP1

用牙刷沾小蘇打糊，輕刷爐口附近的黑垢。

STEP2

噴些小蘇打水在牙刷上，二次刷洗去汙。

POINT

若焦垢較重，可用柑橘清潔劑刷洗。

爐邊去圩

STEP1

若爐架不方便拆，先用廚房紙巾遮蔽焰孔，以防噴濕。

STEP2

撒一些小蘇打粉在爐架和平台上。

STEP3

噴醋水在表面，讓欲清潔區域起泡，幫助去汙。

STEP4

用不傷金屬的刷具刷洗大面積，亦可用牙刷清潔細部。清潔完畢後，再整體擦拭一次即可。

平台去油

WAY 1

噴小蘇打水做擦拭。

WAY 2

倒些喝剩的啤酒，擦拭去油。

WAY 3

若有用剩的檸檬角，可隨手拿來搓洗平台邊邊隙縫。

POINT 趁烹飪完有餘溫，清潔效果最佳。

去除牆面油氣

STEP 1

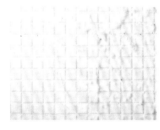

先用廚房紙巾或不要的布擦一次牆面，均勻噴稀釋過的肥皂水。

STEP 2

用保鮮膜覆蓋欲清潔的牆面，靜置。

STEP 3

撕開保鮮膜、刷洗壁面，再噴一次小蘇打水擦拭，並丟棄吸飽汙水的小布塊。

POINT 噴灑肥皂水前，可準備小布塊堆在牆面下方接汙水。

廚房家電清潔

廚房家電的表面常有油氣沾染，因此必須定期擦拭去油，以及清潔殘留在把手或按鍵上的手垢。以下介紹以天然素材分別清潔電鍋、熱水瓶、果汁機、微波爐…等常用廚房家電。

冰箱清潔

STEP1

清潔前,從後方開始盤點冰箱內的所有食材,淘汰過期品。

STEP2

將需冷藏冷凍的食材移至冰桶中,再拆下冰箱層板。

STEP3

可拆式層板和收納用的冰盒,一一拿出來做清洗並風乾。

STEP4

噴一點小蘇打水於抹布上,擦拭冰箱整個內部和抽屜。

STEP5

易有醬料漬的冰箱門與把手也一併擦拭。易有油垢的冰箱把手,可直接噴醋水加強清潔。

STEP6

最後將食材擺回冰箱,再放置裝有咖啡渣或小蘇打粉的空瓶,去味芳香。

POINT 進行步驟4清潔時,也可在抹布上噴檸檬水,擦拭冰箱內部。清潔完畢後,放檸檬片去味。

STEP1	STEP2

面板清潔

取一個小碗，小蘇打粉加水調成糊。用牙刷沾取，刷洗冰箱面板局部汙點。

最後在抹布上噴點醋水，擦拭表面。

WAY1	WAY2

隙縫重點去汙

用棉棒沾醋水，清潔冰箱隙縫處。

用小塊科技海綿浸冷水後擰乾，方便時常拭去髒汙。

GOOD IDEA

箱盒與層板清潔

冰箱裡的蛋盒、冰塊盒、小箱盒、保鮮盒、可拆式層板等等，有時候得拿出來清洗，以免食物碎屑或濕氣殘留冰箱。

作法

用小蘇打糊清潔刷洗，或是浸泡黑肥皂稀釋液，確實晾乾後再收納入冰箱。

電鍋清潔

STEP1

用牙刷沾點小蘇打糊，清潔電鍋表面。或噴小蘇打水，擦拭電鍋表面輕汙。

STEP2

容易有手垢的地方，噴柑橘清潔劑。

STEP3

用抹布擦拭刷洗電鍋表面及面板，或以科技海綿局部去除手垢。

STEP4

用過的檸檬直接刷洗電鍋內鍋。

> **POINT**

開飲機也能用檸檬酸粉清白垢，倒在熱水的內膽裡加熱，待水垢溶出後再清洗。

微波爐去汙

STEP1

把吃剩橘子皮放入微波爐微波1分鐘。讓含有柑橘精油的熱氣佈滿微波爐。

STEP2

擦拭內部，外部可噴醋水清潔。

> **POINT**　檸檬或是檸檬酸粉，都能幫助廚具的金屬表面變亮。

烤箱去味

STEP1

用烤肉刷把內部碎屑先清除、倒出。

STEP2

把橘子皮放進烹調後仍有餘溫的烤箱，去味。

STEP3

或是備一碗熱的醋水放入烹調後的烤箱也能去味。

果汁機清潔

STEP1

在果汁機中倒入肥皂水或蛋殼碎擇一。

STEP2

啟動攪打模式，之後再把髒水倒掉。

STEP3

再使用長柄刷或小布塊包竹筷，清潔內部刀片後，再沖洗乾淨。

電熱水瓶去汙

STEP1

噴一些小蘇打水在乾淨抹布上。擦拭電熱水瓶表面或按鍵面板處的汙漬。

STEP2

放檸檬片或檸檬酸粉於熱水瓶內，煮沸後能去除水垢，再用清水沖淨。

熱水壺潔亮

WAY1 把檸檬酸粉和水調在一起，可清潔熱水壺外部。

WAY2 平日烹調用剩的檸檬可直接刷洗熱水壺內部。

WAY3 也可以丟幾片檸檬切片到水壺裡煮開，用以清潔。

烘碗機清潔

STEP1

備一個噴瓶，加入1 小匙檸檬酸粉搖勻。噴在烘碗機內部霧霧的表面上，再做擦拭清潔。

STEP2

清潔後，放進咖啡粉稍微烘烤一下，去味芳香。

GOOD IDEA

清洗晾曬抹布與圍裙的

抹布總是辛苦地清潔廚房的處空間，每日的廚房工作結束後，建議可使用醋水或自製柑橘清潔劑，減低異味。請避免放在晾在流理台邊，因為不易乾燥，請懸掛在橫桿或吊掛在室外通風處。

常常要面對油濺的圍裙，可以定期用橘油清潔劑去汙，最好有幾件輪流替換清洗，別讓油汙總是花花的留在圍裙表面，易產生油味。

NATURAL
DETERGENTS

好用又天然的廚房清潔品

使用天然素材做清潔，不僅平價多用途，而且比化學去汙劑安心許多。在眾多素材中，小蘇打粉、白醋、檸檬酸粉、柑橘和檸檬更是必備的清潔寶。需注意的是，因為是天然成分無添加，所以製作一次得盡快用完。

多用途天然素材

A 檸檬酸粉

檸檬酸粉能去除鹼性的汙垢並讓器皿潔亮，在小碗水中加1小匙檸檬酸粉調勻，或加入裝滿水的噴瓶中，噴洗擦拭玻璃器皿或用海棉沾取刷洗水龍頭，還能清潔熱水瓶的白白水垢。

B 麵粉

處理廚房油膩的碗盤和油網時，麵粉是很好用又平價的吸油幫手，先用麵粉吸附油漬，再做後續的清洗。但得注意麵粉容易結塊，所以清洗時要仔細一些，以防堵住水管。

C 咖啡渣

帶有淡淡香氣的咖啡渣，能置於冰箱或烘碗機內除臭去味。使用咖啡粉時，記得使用乾淨且乾燥的容器盛裝，並注意通風和防潮、定期做替換，以免咖啡粉表面發霉。

D 檸檬或柑橘

烹調用畢的檸檬或柑橘，特別適合用來廚房清潔，平價又安心。檸檬能輔助清潔碗盤油膩、去除冰箱異味、刷洗爐台…等等。柑橘的變化更多，可自製成多用途的清潔劑。

小蘇打粉

鹼性的小蘇打粉對於去除酸性油汙十分有效。平時可備一瓶自己調的小蘇打水，擦拭廚房的任一處時很方便，只需將兩大匙小蘇打粉加進500毫升調勻即可。

而小蘇打乾粉本身就有研磨作用，可以直接沾取刷洗器皿，或和水混合成小蘇打糊（水1：小蘇打粉2）再配搭牙刷做各式清潔。

若幾滴和精油或是乾燥香草混合，小蘇打粉還能製成吸濕去味的天然芳香劑。

SPACE1

小蘇打粉和白醋會有起泡作用，能清潔保養水管。

SPACE2

鍋子若有焦垢，只要裝滿水再加一大匙小蘇打粉泡整晚，就讓清洗變容易。

SPACE3

瓦斯爐平台上的油漬或水漬，只要撒上小蘇打粉，會變得更好擦洗。

SPACE4

若馬克杯上有茶漬、咖啡漬，用小蘇打糊刷洗汙漬處最有效。

平價又是常備調味料的白醋，是第二個人氣不墜的清潔用素材。它可抑菌防霉，並去除不好的氣味。將白醋和水調勻（水1：白醋2-3），做成可防霉的醋水，擦拭油膩的牆面和去除汙垢；如果覺得醋的味道比較重，可在自製醋水中加幾滴精油，做成自己喜愛的芳香清潔劑。

白醋和小蘇打粉一同使用時，會有大量泡泡產生，所以可以帶走油汙，因此這兩者經常被合併使用，於水管的簡單保養或是去除淺層油汙…等。

SPACE1

常常碰觸的冰箱把手易有菌，常用醋水做擦拭就能有效防菌。

SPACE2

想直接刷洗爐台上的油漬又怕傷表面，讓白醋和小蘇打粉起泡清潔輔助去油。

SPACE3

準備一瓶自製醋水，烹調後清潔流理台的水槽和內壁。

SPACE4

油網內的難清油汙，就用白醋和小蘇打粉的起泡作用來代勞，浸泡一下再沖洗。

柑橘皮	柑橘類的果皮層有精油，所以可以去味並簡單加工做成萬用清潔劑，柑橘或是柚子皮都適用。最簡單製作的是柑橘皮放進熱水中煮，就能製成淡淡橙色的清潔劑，一瓶擦拭平台、爐台、牆面。
🔵 **柑橘清潔劑**	進階版是與椰子油起泡劑、酒精、純水製成清潔劑，用它來代替洗潔精，碗盤就能清洗的非常乾淨，亦能處理難纏油垢。

素材

柑橘皮數片
水適量
白醋少許

作法

1　備一鍋水，放入柑橘皮或柚子皮煮沸至水變色。

2　煮好後，撈起橘子皮，讓整鍋水放涼。

3　亦可在橘子水中加一點白醋。

4　把柑橘清潔劑裝入噴瓶中，可保存3-5天。

SPACE1

抽油煙機上方常有油煙籠罩，用柑橘清潔劑能完全擦拭掉。

SPACE2

在水盆或水槽中加滿水，再加進橘油清潔劑浸泡油膩碗盤，讓清洗變輕鬆。

● 橘油清潔劑

素 材

橘子皮或柚子皮2斤
95%酒精500毫升
純水125毫升

純水1500毫升
椰子油起泡劑375毫升
鹽適量
PET材質的瓶子或玻璃瓶

作 法

1. 把橘子皮切成小片,若使用柚子的話,需去除白色部分再切小塊。

2. 準備一個乾淨無水分的玻璃瓶,置入柑橘皮。

3. 在瓶中先倒入酒精,再加125毫升的純水。

4. 在瓶身標示一下製作日期,靜置10天。

5. 10天後倒出瓶內液體,把泡過酒精的柑橘皮取出,放鍋盆中。

6. 鍋盆加入1500毫升的純水。

7. 稍微搓揉柑橘皮,讓表皮精油釋出,再把果皮撈起。

8. 將步驟5的瓶內液體與步驟7的水混合。

9. 加入椰子油起泡劑之後,充分攪拌。

10. 最後倒入PET材質的塑膠瓶或玻璃瓶內保存。

SPACE3

用稀釋的橘油清潔劑,能擦拭並刷洗卡比較深的爐台油垢。

SPACE4

鍋子內的重油垢,倒進橘皮清潔劑或橘油清潔劑,浸泡1小時再刷洗。

去味除蟑小妙招

How to get rid of cockroach

許多人對小強避之惟恐不及，而廚房的地板與平台上掉落的食物碎屑，常常會吸引牠們前來，因此烹調完後馬上處理剩料，並且擦乾水分，以小強討厭的天然素材清潔，能夠打造一個讓小強遠離的環境。

清潔4訣竅
4 TIPS HELP US TO CLEAN

廚房的食物味道或碎屑,是蟑螂的最
愛,烹調完盡量快速處理容易發酸的
果皮剩料,是治本之道。

蟑螂可以不吃東西,但是不能沒有水
因此平時烹調後,除了處理掉帶有水
分的廚餘外,牆面、檯面及地板、廚
櫃內也要保持乾燥乾淨。

平時將小蘇打粉倒在乾的廚餘果皮
上,減低異味,或是把稀釋黑肥皂液
倒入排水孔,都能去味除蟑。

準備1杯硼酸和1桶熱水,將硼酸溶
入水中,戴上手套再用拖把或抹布浸
入硼酸水後擰乾用來拖地。硼酸結晶
乾燥後會滲進地板縫隙,是蟑螂討厭
的味道,且有讓蟑螂中毒的效果。

KITCHEN STORAGE

廚房 & 冰箱的整理技巧

想讓廚房變好用，除了事前規劃設計，
後續收納安排也很重要，有條理的收納即成極具美感的廚房風景。
為你細分出廚房裡的每個小區塊如何收整，
包含冰箱、廚櫃、流理台四周，與空間不夠時的收納提案。

HOW TO USE
AND
MAINTAIN
CONTAINERS

收納用品選用與清潔

廚房裡的物件道具，絕不會比衣櫃裡的衣服來得少，而且種類繁多、形狀也大小不一。因此你需要收納用品來幫助分整、讓冰箱、廚櫃、檯面都整潔之餘，更成為你理想中的廚房風景。

POINT1

形式統一好組合調整

不管是冰箱、廚櫃裡的收納，最好買同形式的收納道具，其中又以方型為最適合的形狀，因為有利於組合調整，且盒籃之間較無空隙浪費。挑選自己喜愛的收納系列，再依據空間大小選擇各尺寸做組合，收納統一更讓視覺美觀。

POINT2

方便堆疊使用和搬移

加蓋且形式統一的收納道具，方便堆疊和隨時搬移，讓收納可以往上方空間發展，而不是一直往橫的佔據平面空間。特別是有深度的廚櫃，如果不方便堆疊和搬移，廚房用品就會被擠到後面去，或是整個一團亂而不好找。

POINT3

不透明容器得標示註記

如果收納道具是不透明材質，得在盒籃外頭的顯眼處做標示，標上內容物或是食材的保存期限…等等，讓收納更明確好尋找，也幫助你記憶食材該何時用完。

POINT4

收納食材需有良好密閉性

收納食材時，特別是已開封過的，最怕受潮變質，因此確認收納用品的密封性是否佳很重要。購買時，多觀察蓋子的設計，是否能完全密合收納用品本體，以及抽真空時是否方便好操作。

玻璃材質

琺瑯材質

玻璃材質常見於保鮮盒或瓶罐，耐清洗也耐高溫是玻璃材質的最大好處，而且保存在裡頭的食材都能顯而易見，只是比較重和怕碰撞。平日清潔玻璃材質的收納道具用品時，可沾點小蘇打粉於清水下刷洗表面，或用喝剩的無糖氣泡水擦拭，讓玻璃面潔亮。

玻璃保存容器裡的異味，則可藉由浸泡溫熱的小蘇打水或檸檬酸水，放置一陣子後再刷洗，就能去除不好味道。如果烹調時有剩下檸檬片或榨完汁的檸檬，可拿它直接刷洗玻璃，也有不錯的清潔效果，特別是容器有油漬的時候。

一般常見的琺瑯器具表面有一層薄薄的非晶質玻璃，它具有金屬的堅固性和玻璃特性，表面平滑耐蝕，是許多人喜愛的保存容器或收納道具材質。但其材質的缺點是怕刮傷和溫差過大的環境和突然的撞擊掉落，因此使用時得特別留心。

平時清潔時，請以軟質地的海棉和中性清潔劑清洗，或購買市面上的琺瑯專用清潔劑。清洗後，建議將表面水滴擦乾並保持通風乾燥，一方面防鏽，再者是因為自來水中的微量成分，可能於琺瑯面留下白粉狀的附著物。

清潔方式

在水中加一小匙檸檬酸粉或小蘇打粉，攪拌至溶解後，將玻璃器皿浸入水中刷洗，最後再沖洗乾淨。

清潔方式

浸泡於加有小蘇打的清水中，或是噴小蘇打水於表面，去除油分後再用海棉輕輕刷洗並沖淨。

不鏽鋼材質

廚房中最常見的就是不鏽鋼的金屬材質，由多種合金組成，並於表面上了一層鉻以防止氧化，對熱的耐受度高。不鏽鋼看起來很像，但其實其中的金屬含量、加工法、耐腐蝕程度不見得一樣，選購時詢問一下鋼材種類為宜。

新買的不鏽鋼收納用品或道具器皿，先用中性清潔劑清洗，並裝入8-9分滿的熱水，重複洗兩次，才能去除製造加工過程中，可能殘留的髒汙。而不鏽鋼材質用久了，會有黑油殘留，這時可用麵粉加水揉成糰，以按壓的方式去黑油；或市售有不鏽鋼去汙劑，去汙力更顯著。

以麵粉揉成糰，再用麵糰按壓不鏽鋼表面，需要有點耐心就能把黑油的部分去除。

塑膠材質

平價輕巧的塑膠材質也常見於廚用收納器皿和道具，但塑膠材質不耐熱，若是要保存食材菜餚的收納道具，材質必須是聚氯乙烯（PP），而非不耐高溫和高油脂的聚氯乙烯（PVC）或聚偏二氯乙烯（PVDC）。在清潔方面，特別是塑膠材質的保鮮盒、保鮮罐很容易沾染油脂和味道，可於醋水中浸泡，或是直接抹一點醋於塑膠表面，靜置一下再清洗。

此外，看似耐磨的塑膠材質，其實也怕刮痕，一旦留下刮痕就易藏汙納垢而孳生細菌。所以清潔時，同樣使用軟質地的海棉為宜；若是塑膠收納籃，則可噴點小蘇打水於表面做擦拭。

以醋1：水10的比例，製成浸泡用的醋水，能有效去除塑膠材質表面的油膩和食物味道。

收納活用與困擾破解

除了對收納用品材質的了解，購入收納用品時，又有哪些選擇重點，以及收納時的準則、常見的困擾破解，一次整理給你。

Q1. 廚櫃裡總是亂糟糟，好難收也好難拿？

廚櫃太深、東西太多

廚櫃太高、裡面東西很難拿

小家電、食材、物品尺寸不一很難收

中式廚房狹長又小，收納空間少

在台灣，許多人的廚房仍是中式的，狹長且空間有限，加上廚櫃設計比較舊的話，不僅廚櫃太高而且櫃體太深而導致東西很難拿。如果你有以上的收納困擾，建議多利用立體收納法，減少物品亂塞或亂擺的機會。例如牆面、廚櫃門的裡面、冰箱側邊，都能加裝收納桿、掛勾、甚至是最平價的網片加S勾，讓廚具、物品以吊掛方式排列。

而在抽屜的部分，若沒有隔層，就活用分隔片自製隔層，或以同尺寸的小盒分類整理物品。最後是廚櫃太深或太高，針對此區塊的收納，需要分格再分格，先測量廚櫃深度，購入符合尺寸且有把手或提把的籃子，輔助你好拿取而且方便在籃子外註明所收納的物品為何。廚房裡的鍋具、鍋蓋、烘焙用具…等，雜項很多，擺在一起很難收。鍋具的部分，若有立體收納架就能一個個獨立擺放，如果位置不夠、得墊在一起，兩個鍋子間要墊一層布以免刮傷碰撞。大小不一的鍋蓋，則可用大型書擋或X型伸縮架分類收整好。

Q2. 我的冰箱總是爆滿狀態，怎麼收拾才好？

不知怎麼分類，
東西全冰進冰箱就對了

冰在冷凍庫的東西，
都白白霧霧的好難找

碗、盤、鍋常和菜
一同進冰箱

A2

冰箱和衣櫃很像，因為有深度，加上有冷藏保鮮效果，很多人就是什麼東西都往裡頭冰，所以總是塞得滿滿滿。這不僅讓你找不到東西，而且會降低冰存效率，也影響食物鮮度。

因此在冰箱正面的區塊，應該存放八分滿就好，並善用小盒或小籃，把冰箱分格分整。如果想要加倍收整冰箱空間，建議採買回來後，把食材全部做前處理，就能分裝成更小的包裝，放進密封袋中直立擺放，讓冰箱抽屜更清楚有次序。而在冷凍庫裡的東西，因為凍久了會變得霧白，所以冷凍前，建議分類完先在外包裝或外盒做標示，幫助你記憶食材種類。

Q3. 流理台四周東西好多，而且還有霉斑，怎麼辦？

流理台上常擺了
濕濕的海棉、抹布

醬料罐放在
流理台或爐台旁

廚具太多
所以就堆著擺著

A3

流理台四周是經常有水氣的地方，所以不建議放置太多東西於此處，尤其是直接放在檯面上的話，時日一久就易產生霉斑。為防止這樣的情況，除了保持每次烹調後就立即收拾、擦乾檯面以減少水分殘留的習慣，所有清潔工具、醬料瓶罐都儘量不放平台上，改以收納架騰空收整，或是活用多種掛勾，讓工具、抹布、海棉都吊掛整齊。這樣收整的好處，除了讓下廚時的檯面更有餘裕、好做事之外，所有會沾染水氣的用具，也能好好被晾乾，才不會導致海棉總是濕濕爛爛、工具長霉的窘境。

此外，有時候長型廚具太多了，例如打蛋器、長筷、鍋鏟…等，如果實在沒地方吊掛，可以用有深度的長瓶罐收納在一起，全部整理成一落就會好找好拿。總之，流理台四周是應該保持淨空與乾燥的地方，這樣你的食生活才會安心。

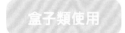
盒子類使用

不同尺寸的有蓋盒子,是冰箱收納的最佳幫手,其中方形又比圓形來得好,因為更省空間。用盒子把食材分類並密封,能阻絕食物味道在冰箱中彼此汙染。開放式的小盒子則能幫助廚櫃抽屜的小型物件做分類。

爆香用備料

易有氣味的爆香用備料,可以使用小盒密封保存以隔絕氣味,讓平日烹調更方便。

隔夜菜

吃不完的剩菜,不宜連盤或連鍋整個冰入冰箱,分裝到小盒中,才不易佔滿冰箱空間。

用剩的食材

用不完待下次烹調用的食材,如份量少的蔬菜或得浸水防酸掉的豆腐,用小盒分整保鮮。

廚用小物件

廚用小物像是夾子、橡皮筋…等,只要納多個同尺寸的小盒中,就能提昇廚櫃抽屜整齊度。

瓶罐類使用

易受潮的食材、堅果種籽、果乾、五穀雜糧…等,拆封後不要整包就丟進廚櫃,用瓶罐來收納,除了保鮮更防止蟑螂小蟲入侵;並記得食材、零食納入瓶罐之後,順便註明保存期限為宜。

易受潮食材

開封之後,容易受潮的食材或乾粉類以玻璃瓶罐收納,讓每種食材顯而易見。

堅果及果乾類

堅果也是易受潮之食材,以及帶甜份的果乾類,開封後納入罐中收整就不怕變質。

常備乾貨

烹調時必備的乾貨類,像是香菇、海帶、蝦米…用大型瓶罐收納,提醒你記得補貨採買。

已拆封零食

已拆封的零食雖有外包裝袋,但時間一久亦可能受潮或受溫變而融化,用瓶罐密封會較佳。

 籃子類使用

廚房裡最多的莫過於買不完的器皿、廚用品、模具…等，因為大多放置在廚櫃裡很容易亂，所以要善用盒籃箱來收整它們。除了整齊美觀，同時因為這類東西都頗有重量且易碎，如果能一籃一籃收整好，不管是拿取或收拾都能更省力方便。

保存容器

保溫杯、保鮮盒這類會購買多個尺寸之容器，數量一多就會亂，以籃子歸類再置入廚櫃。

同深度之器皿

收整差不多深的器皿時，用把手籃歸類並立體擺放，拿取時較方便。

杯子類

以籃子收整玻璃杯、馬克杯時，以杯口為底再往上堆會較穩，並能減少傾倒打破的可能。

小型廚具

量杯量匙、烘焙工具、剪刀等形狀不一的小型廚具，以籃子分類成慣用的類別。

密封袋類使用

各類大小的密封袋,有利冰箱收納做得更好,將已處理的備料、剩餘食材,甚至醬料…等,一一放入袋中保存,冰箱裡的空間就會多出許多,而不會是大袋小袋的混亂狀態。再者,密封袋若沒有受到食材或醬料的氣味或顏色汙染,亦是能回收並多次使用。

裹粉漿的半成品

為下次烹調做的備料,可放入袋中平放,冰存成一片片使用。

自製醬料

自製醬料做太多的時候,就用密封袋分裝保存,分成每次適用的份量,以利快速烹調用。

蔬菜剩料

有時烹調剩下一點點蔬菜,可將這些零碎食材做搭配,混合成一包,下次烹調快炒用。

事前備料

對於大型蔬菜不易冰存的困擾,先將蔬菜切小塊,再依烹調份量分包收納,節省冰箱空間。

冰箱收納

STORAGE IN
REFRIGERATOR

冰箱對於家庭來說，是很重要的必需廚房家電，然而不少人家中的冰箱卻像是個黑洞，什麼都往裡頭塞、以為只要冰了就一勞永逸。好的冰箱收納規劃和你的食生活、家人健康其實息息相關呢，有幾個收納要領原則，幫助你在規劃和存放食材時，既能有效收整、確保鮮度又兼具美觀。

收納前的素材準備

形式統一的密封袋

形式統一的密封袋和好堆疊的保存容器，是冰箱收納必備的利器之二。密封袋的用途，是為了將生鮮食材的體積變小，因此買回生鮮食材後，得立刻清洗處理，分包成方便烹調的份量，再以密封袋收納。

好堆疊的盒子瓶罐

使用盒子瓶罐這類容器，來收藏乾貨、醬料、備料、醃漬品、剩菜…等食材，因為使用率高且種類繁多，所以用好堆疊或透明的保存容器來分整，若能買同色系或同系列的更好，冰箱的整齊度就能瞬間提升。

冰箱存放注意

冰箱收納維持八分滿

每種食材各有不同氣味,若全部混雜在冰箱這個密封空間裡,久而久之,冰箱和你的食生活都會很不健康。請冰存八分滿的食物就好,主要讓冰箱的冷氣能夠自然流動,保鮮度才會佳。而且八分滿的保存量,才能使冰箱裡有餘裕,讓正面視線很快就能搜尋到想找的食材。

讓正面視線一目瞭然

收納食材、瓶罐、盒子時,可以稍微注意高矮順序,讓比較高或體積大的食材在後,瓶罐盒子、散裝食材在前,這樣一打開冰箱時,就能清楚看到每一項食材的所在位置。減少食材被擋住或淹沒在後方的機會,讓各自的定位點明確,正面視線就能一目了然。

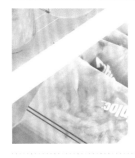

食材分包並直立擺放

若能先將不易氧化的食材做前處理,並分包或分盒成符合自家烹調習慣的份量,你的冰箱空間就會多出很多,而且下廚烹煮更省時!擺放時,讓密封袋們直立擺放於冰箱抽屜,才可有效活用空間,因為冰或凍成片狀的體積最小,而且能俯看到每一份食材內容。

冰箱門不宜收納怕失溫的生鮮食材

冰箱門經常開開關關,是特別失溫的區塊,但許多人喜歡把冰箱門塞得滿滿滿,放了成排醬料,甚至是容易變質的牛奶或雞蛋。在衡量擺放冰箱門上的食材時,應減少放置有變質可能的生鮮食材類,或是含奶類的飲品醬料為宜。

冰存前・袋保存的製作

買回來的食材,不論是肉品或蔬菜,清洗過並前處理過才做分包。切好的食材放入密封袋時,於袋中要完全鋪平整、並確實擠掉空氣再封口。分包的大小,依每次習慣烹調的份量來抓,不要全丟入袋中,以免凍成一大包很難分塊。

蔬菜類食材

調味過的肉品

STEP1

食材洗淨處理,依烹調習慣切成塊、片、條…各尺寸。

STEP2

以廚房紙巾為底,將切好的食材稍微按乾。

STEP1

排骨、小排…等常備的熬湯素材,每半斤或一斤分包。

STEP3

於密封袋內鋪平,連角落也要鋪到食材,並且擠掉袋內空氣。

STEP4

分包好的食材外面,做上食材標示,以利分類或拿取。

STEP2

肉片肉排部分,可先處理並調味後再分包成每100或200公克。

冰存前 · 盒保存的製作

TIPS

用盒子保存的食材，大多是常備菜、醃漬品，亦可裝備料（蔥薑蒜末、自製高湯塊），或是當餐未食用完畢的剩菜。比較需要特別處理的是剩菜的部分，若是含有湯汁的剩菜（非湯品），先濾掉底部油水，再裝入盒中。

菜餚類

STEP1

濾掉剩菜底部的油水，以免菜餚浸泡整晚。

STEP2

濾掉油水後，可於底部鋪一層烘焙紙，再放上剩菜。

STEP3

若是新鮮做好的常備菜，則直接放入盒中即可。

調味過的肉品

STEP1

事前處理並調味好的肉片，則分成每100或200公克一盒。

STEP2

自製肉丸或肉排分盒冰存，底部鋪烘焙紙，烹調拿取時較容易。

STEP3

盒子外記得做上食材標示，以利分類辨認和尋找食材。

冰箱收納規劃

冰箱空間裡主要分成冰箱門、冰溫室、蔬果區、冷藏區、冷凍庫這幾個區塊，每個地方怎麼擺、如何放置，各有一些學問，不是只一昧填滿空位就好。

Ⓐ 冰箱門

擺放醬料時，依類別區分，例瓶罐的一落、管狀調味料的一落…等。若是沒有外標籤的瓶罐盒子，記得於側邊標註一下內容物才好找。

Ⓑ 冷藏區

大多會放常備菜、自製醬，或放當餐吃不完的剩菜湯品，以及零散已開封的食品，請把握前方物品勿擋住後方視線的大原則。此外已料理過的食物，不要連盤或連鍋進冰箱堆疊。

Ⓒ 冰溫室 & 蔬果區

冰溫室是讓食材漸凍的區域，是暫置備料們的地方，例如已調味或待烹調的肉品海鮮、已分切備好的蔬菜…等。而蔬果區的部分，若有分層，先把易壓傷的蔬果放上層，其餘放下層，但建議可用長型盒子分整種類。

Ⓓ 冷凍庫

一般除了存放肉品海鮮，此區塊是可放置大量備用食材的地方，例如日常備料或已處理過能立即烹調的當季蔬菜…等，建議用盒子或密封袋做收納。

各層最適切溫度及收納重點

A 非主要視線區【上】
乾貨或是醬料分籃收整。

B 非主要視線區【中】
收納常備菜或剩菜、點心…等需儘快食用完的食物。

C 主要視線區【下】
擺放待退冰、奶油、火腿肉類…等食材。

D 蔬果區【左】
用盒子分整常用的備料食材。

E 蔬果區【右】
以密封袋或長型盒子分整蔬果。

F 冷凍庫【左】
已處理並分袋的肉類或海鮮。

G 冷凍庫【右】
已處理並分成小袋、方便下鍋的常備蔬菜。

冷藏室 3～6度
冰溫區 0～2度
蔬果區 4～6度

冰箱門　4～7度
冷凍庫　-18～-20度

POINT1
善用同尺寸、材質安心且耐溫變的器皿分類收納堆疊。

POINT2
管狀醬料、小型乾貨用透明瓶裝，成列收整於冰箱門。

POINT3
食材放入冰箱前，先分包分袋。冷凍食材時，立體排列才最省空間。

POINT4
用盒子做出冰箱的隔層，不能用層疊的方式收納，這樣會讓下方的食材不易被看見。

冰箱門

冰箱門最常被開關，不宜存放乳製品或遇溫變就會壞掉的食材。醬料或乾貨類，可用類型一致的瓶罐分裝，並依種類擺放規劃。此區塊底部易沾染醬料，可以紙巾鋪底隔絕且定期替換，平時用完醬料，也記得隨手擦拭瓶底再收納。

調味罐類

依使用習慣排列順序，管狀調味料則可用空瓶裝一落。

醬料瓶類

比較矮的醬料瓶自成一區，可於蓋子上方加標籤註記。

飲料類

牛奶或含牛奶成份的飲品不應放冰箱門，以免質變。

冷藏區

冷藏區溫度大約在15-17度，適合擺放家中常備的小菜沙拉、吃不完的剩菜，以及已開封的散裝食材、甜點…等。此區塊最容易被亂塞，需注意存放八分滿和維持正面能看到所有食物位置的總原則，並善用保存容器做分整堆疊。

常備菜和剩菜

以方形容器為最佳選擇，收納常用的備菜備料，以及吃不完的剩菜。

雞蛋和醬料類

雞蛋和某些醬料怕失溫，建議不要放在冰箱門，而要放冷藏區。

常備醃漬品

自製的醃漬品或醬料，因無人工防腐劑，需要收在常溫冷藏區。

冰溫室 & 蔬果區

這兩塊區域最常放置生鮮食材，特別是蔬果類，溫度大約在10-12度間。於冰溫室的食材，最好用密封袋分包、小盒分整。而蔬果區用有深度的盒子，裝根莖類或小型蔬菜，把它們和易壓傷的葉菜類分開，讓葉菜類放抽屜最上面。

小型醬料

用各尺寸淺型盒子，分類小包裝的醬料包、醬料罐，就不會散落於冰箱內。

已處理備料

待烹調的備料先處理成一包一包，再直立排列進冰溫區中，才省空間。

生鮮食材類

蔬果區或冰溫室大多是抽屜式，用小盒分整蔬菜，讓此區塊有隔層。

冰溫室平面

待退冰使用的食材　　麵包或火腿類

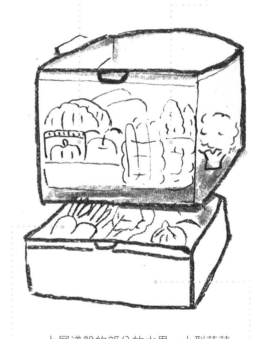

上層淺盤的部分放水果、小型蔬菜

下層有深度的抽屜放葉菜瓜類或根莖類

蔬果區上下分層

冷凍庫

冷凍區的溫度大約在5-10度間,雖然很多處理過的食材都能收納其中,但因為冷凍後表面會霧白,所以要做好標示和分類才好辨認,可用盒子、密封袋、紙袋分別裝食材,並建議分包後的份量不宜太大,以免難以解凍而不利於烹調使用。

已調味食材

前處理好並調味的食材,可用小盒分裝,冰成一份份待烹調的份量。

分包的肉品

將肉片肉排或海鮮,以密封袋分包成合適份量,烹調時解凍才方便。

大塊的肉品

若買了大量的排骨、小排,可分大包一點冷凍,並用紙袋包住。

廚櫃收納

STORAGE IN
PANTRY

為了收納廚房裡眾多的東西,大多會設計或選用有深度的櫃子,讓收納空間更多。但經常因為櫃體太深以及櫃子位置較高,所以導致拿取不易或是東西不斷被往後塞。為解決這部分的困擾,得讓不同的收納用品來幫你分整清楚。

收納廚櫃的小道具

有把手的籃子

廚櫃的深度，可用有把手的籃子來克服，拿取較不費力。建議購買多個同系列的把手籃，排列在廚櫃的最前面，分整不怕潮氣的泡麵罐頭或備品，以及有重量的小碗小碟…等。

透明好辨視的瓶罐

易受潮的乾貨、麵條、零食、粉類、五穀雜糧…得用不同大小的密封罐來收整，方便辨認食材種類，也提醒你何時補貨。密封罐又以玻璃材質為最佳，因為好擦洗也不會有塑化劑的疑慮。

能分層或立體收的架子

當廚櫃太高，器皿物品難以往上堆疊時，這時能分層的ㄇ型架就很好用，可適度將東西往上疊放。而像鍋蓋這類很難疊的廚具，就可用X型伸縮架或大型書擋，讓它們一個個立體擺放，就不會亂塞在廚櫃角落了。

可密封防潮的小盒

除了透明瓶罐，方型收納盒也很實用，收納已開封的茶包、零食、常備食材…等，這類體積比較小的食品。挑選時，得考慮其密封性是否佳，以及盒子材質是否適用於盛裝食材。小盒的好處，是能填滿廚櫃空隙，同時亦能往上堆疊。

廚櫃收納規劃

廚房的廚櫃主要分為三大類來看，一是水源下方的櫃子，即流理台下方；二為一般上下方的廚櫃，一般櫃內是上下兩層；以及廚櫃抽屜裡的部分，有的有分格，有的則無。

A 廚櫃抽屜
以同系列盒子分整餐具、廚用小物、雜物。

B 流理台下方廚櫃
減少雜物、只放清潔用品和備品。

C 上方廚櫃
用把手籃和可堆疊盒子類分整食材乾貨、器皿、廚用小物。

D 下方廚櫃
用收納籃、立體架收整鍋具、大型烹調用具。

廚櫃存放注意

廚櫃裡的存放，要分兩大方向，一個是接近水槽的部分，也就是水管下方是濕氣最重的地方，不宜放食材或易受潮的物品。而一般廚櫃裡的收納，則用籃子箱子盒子來做分類整理。

分類分籃才不易亂

購買盒籃箱之前，請先丈量家中的廚櫃長寬，購買能滿足櫃體深度的收納用品。實際收納時，要以「整個廚櫃的能見度」為收納基準，不要讓前面的物品高過或整個擋住後方；並以食材物品類別或使用習慣做分整，讓每一落的屬性儘量相同，才好在外頭做標示。

水槽下儘量淨空

水槽下的廚櫃因為常有濕氣，所以食材類、乾貨、醬料…等全都不適合放在此處。建議只放清潔時會用到的備品、清潔劑，或是不易受潮的塑膠類製品，總之要將物品減到最少量，以免潮氣進到物品裡，就容易發霉或變質。

依據食材效期存放

水槽以外的廚櫃，許多時候會拿來放置食品類的東西，除了上述說的分類分籃，食材的效期注意也很重要。新添購食材食品後，要往廚櫃後方放、讓效期近的食品放前面，有利於你下次採買時，回頭去檢查一下哪些食品即將到期，以免一直重覆購買。

餐具器皿類

小盒收納餐具小物件

同系列的收納盒可以多買幾個，組合排列成你需要的樣子，這樣即便抽屜內沒隔層，也能輕鬆收整餐具小物件。

⊓字架分層餐具器皿

⊓字架在許多生活用品店都有售，可上下分整小碗小碟，或是餐具加器皿…等等，有不同組合收納的方式。

透明分隔盒收納器皿

太多的器皿總是堆疊著，導致很難拿或整理，改用分隔盒直立擺放，尺寸差不多的器皿就能成落收好。

鍋具廚具類

收納籃分整保存容器

數量多的保鮮盒、便當盒或是保溫杯，因為大小不同不太好收，可用不同尺寸的收納籃整成一落一落的。

書擋分隔小鍋具

太多鍋子很難收納也是不少人的困擾，用大型書擋來幫忙，讓鍋子在廚櫃中也不會東倒西歪，或因形狀不同而疊不起來。

可調式收納架收整鍋蓋

形狀不一的鍋蓋常常不知怎麼疊，除了用書擋，市售也有可調式的收納架，能同時收整鍋具和鍋蓋。

大玻璃罐收納長型廚具

放不進抽屜的長型廚具，以大的玻璃罐立體收整吧！可放在烹調區塊或流理台的附近，好移動也好清洗。

把手籃收納罐頭

因為罐頭有重量,從廚櫃裡
要拿取時會有點不便,收整
在同個籃子中,就能方便你
做整理或盤點。

食品類

淺籃分整大量食材

每次買泡麵或湯包都是一大
包的購入,建議拆掉外包裝
後排列在淺籃裡,而不是全
塞入廚櫃中,以防過期。

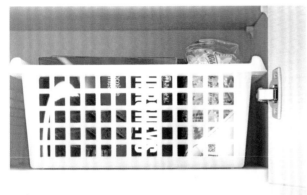

網籃分整零食乾貨

未拆封的零食或乾貨類，用
半透明的網籃做分整，籃內
以效期做排列，讓每一籃的
類別都清清楚楚。

透明瓶罐收納雜糧

玻璃罐輔助你收納各類雜
糧、麵條、乾貨…等等，一
方面防濕氣，而且也有色彩
上的裝飾效果。

密封盒收納沖泡品

沖泡品的外包裝也非常佔廚
櫃體積，可於拆封後，放在
透明密封盒裡再標上效期，
同時確保鮮度不受潮。

STORAGE OF
COUNTERTOP

流理台週邊收納

流理台四周的收納，包含流理台下的廚櫃和流理台四周，以
及延伸至爐台附近的區域。水槽下的廚櫃內首重防潮，而檯
面上的部分，則可善用收納用品立體整理。

廚具類

∩字架分層常用廚具

料理用的鋼盆常因為尺寸多而難堆疊，以∩字架做分層，就能將鋼盆和攪拌用具收整在流理台下方的區塊。

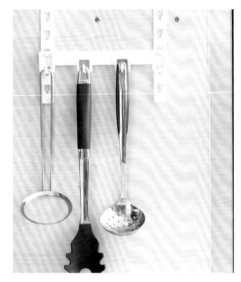

收納架立體吊掛廚具

若不想在廚櫃上鑽孔，但又有廚具收納需求的話，平價收納架能加裝並固定在任何廚櫃門內，立體吊掛好收整。

磁性刀架收納刀具

能鑽在牆上的磁性刀架，特別合適固定在流理台附近，用畢洗淨的刀子就能一把一把整齊收納。

收納桶放置長型廚具

如果流理台附近沒有吊掛架，有深度的收納桶可以當成長型廚具的暫置區，每次洗淨後就收納在一起。

清潔用品類

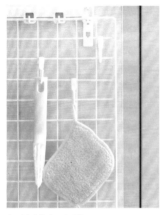

網片掛勾立體收

於流理台的廚櫃門上，加裝掛架和網片掛勾，讓清潔用具都能吊掛風乾且不凌亂。

掛勾式小夾收納海棉

海棉若放在檯面上很容易長霉，用掛勾式小夾收納於水龍頭邊，以利通風乾燥。

分隔盒收整小物件

塑膠材質的分隔盒，可收整不怕潮的備用海棉和抹布類，清楚好找。

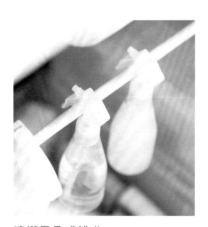

清潔用品成排收

一般清潔劑都是直接放廚櫃底部，但有時不好拿取，可於水槽下方加裝伸縮桿，成排做收整。

塑膠抽屜收納備品

水槽下不建議放太多東西，但常用備品得有個家，成組的塑膠抽屜好用好辨視，防潮又能分類。

調味品類

兩用式收納架

爐台邊的調味品,除了直接擺放在收納架上,亦可與五金配件配搭固定於牆面。

ㄇ字架分層收

如果不想在牆面上鑽孔,ㄇ字架亦能當成收納架使用,還能上下層收不同調味品。

小盒分裝

用同系列的小盒子分裝基礎調味品也很方便,因為尺寸統一 好堆疊於爐邊檯面上。

分隔盒
收整小物件。

塑膠抽屜
收納備品。

ㄇ字架
收納部分廚具。

伸縮桿
吊掛清潔劑。

流理台收納規劃

GOOD IDEA

為讓流理台下方的物品能夠防潮又好拿取,建議放置塑膠材質的收納用品,讓清潔劑及備品都能分類或立體吊掛。而放置物品的數量,大約佔整個廚櫃的1/2就好,易受潮的廚房紙巾、食材、乾貨都要避開放在這個區塊。

CLOTHES CLEANING

令肌膚安心的溫柔洗滌

衣物，和我們幾乎相處一整天，在外有外出用的衣物、
回家後又會換上居家服；正因為衣物貼身陪伴你24小時、
每天勇敢為你擋掉髒汙灰塵泥巴，所以更得用心洗滌它們，
如此不只能讓衣物壽命更長，也對你的肌膚友善。

認識洗衣用具

清洗到晾曬，需要不同種類的用具來幫忙你更省力，事先了解用具們的特點與用途，不僅能縮短洗衣時間，更解決洗衣時的小困擾。

1 衣架

最常見的可彎摺鐵絲衣架，既平價又多用途；但對需要特殊呵護的衣物，例如易變形的針織衣，建議選擇專用衣架做晾曬。

2 衣夾

除了一般和衣架配搭用的衣夾，也有夾在吊衣橫桿上的大衣夾（或是晾被單被子時固定用）；有些衣夾尾端有可相連的圈圈，方便晾衣時，增量吊掛使用。

3 附夾晾衣架

一般家中最常見的晾衣方式是，一只橫桿再加上附夾子的晾衣架，包含長方形、圓形、以及能靠牆的半圓形，供不同空間需求使用。附夾晾衣架除了晾曬小型衣物用，亦可晾整件褲子或大毛巾。

4 洗衣球

洗衣球能降低衣物清洗時打結的狀況，而且稍微加分洗淨度；若手邊有小孩玩的軟質塑膠小球，可代替洗衣球使用，有類似的防打結效果。

5 洗衣袋

針對軟質料或易變形的衣物，像是絲質、針織衣、內衣…等，手洗後再放洗衣袋機洗可多一層保護。

網目大小影響洗衣力

- 大網目
  水對流和磨擦力較強，適用於耐磨的褲子或不易起毛球的上衣。

- 中網目
  水對流和磨擦力皆偏中等，適用一般 T 恤或襯衫…等。

- 小網目
  水對流和磨擦力較小，適於貼身內衣或表面有立體裝飾的衣物。

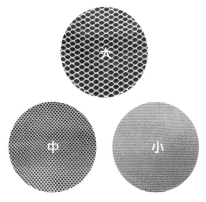

大

中　　小

6　洗劑類

買洗衣精、皂絲、洗衣皂時，大部分人
會依香味來選，但其實更應著重於成
份是否簡單或天然，例如椰子油、橘
油、小蘇打粉…等自然素材添加，此
外，無香味或天然植物香氛的，對易
敏肌膚比較好。

7　手洗劑＆柔軟精

手洗精或冷洗精、衣領精是機洗前的
手洗去汙時使用，雖都是洗劑，但不
等同洗衣精；而柔軟精則是機洗於最
後一次洗清前使用，利用界面活性劑
柔軟衣物、並減少靜電產生。

8　漂白劑＆去汙用品

漂白劑分成氧系(過氧化氫)與氯系
(次氯酸鈉)，前者較溫和、花色衣物
也可使用；而後者是一般漂白水，能
強力漂白和殺菌，使用時得特別注意
別誤用到怕褪色的衣物上。去汙用品
的部分，近來已有不少好用商品，例
如處理領口、袖口的洗衣棒或是全衣
物清洗適用的黑肥皂液…等，方便機
洗前做重點去汙。

9　刷子類

用一點小工具能幫助洗衣更方便，例如洗衣刷主要是領口、袖口、褲管使用，軟毛刷則是濕洗前去塵。另外也可準備一支舊牙刷，對於小塊汙漬的清洗會十分順手好用。

10　生活素材類

生活中的常見素材，也是洗衣幫手，包含棉棒用於能局部去汙或漂白、毛巾能為軟質衣料吸水及溫柔按乾，而濕紙巾是出門在外的去汙救援，能及時減輕汙漬被吃進纖維的麻煩。

11　天然素材

希望洗衣更天然環保的人，不妨試試平價好用的天然素材吧，精油能代替香氛去味、小蘇打粉潔白衣物、白醋去味殺菌、檸檬酸粉可柔軟衣物，對於人體肌膚來說，是溫和的多樣選擇。

GOOD IDEA

天然的洗滌劑

除了用一般洗衣劑、洗衣粉之外，你也能試做看看簡單洗滌劑，因為皂的成分更單純，再加上天然素材一塊兒使用；除了洗衣物，也可拿來清潔布鞋、球鞋，或是貼身接觸的浴巾毛巾、手帕。

WAY 1　　皂絲＋溫熱水

把皂絲或皂粉和溫熱水混合，調成合用的濃度，用洗衣刷或棉棒沾取，去除局部汙時頗好用。或者也可以把手邊用到剩很小塊的肥皂刨成絲，一樣和溫熱水一起調勻使用，可去除小塊汙漬或倒入洗衣機直接清洗衣物。

WAY 2　　肥皂水＋小蘇打粉

剛才做好的肥皂水，可以加一點點小蘇打粉，這樣清潔時，能幫助衣物去味，而且也有溫和潔白的功效。把肥皂水和小蘇打粉調成的混合液倒入乾淨噴瓶中，就成了機洗之前能隨手用的簡單清潔劑。

WAY 3　　黑肥皂＋水

如果你想要去汙力更佳的素材，可以考慮使用黑肥皂濃縮液，其中有橄欖油的皂化成分，直接倒入洗衣盒和一般衣物一起清潔，亦可調成稀釋液，用洗衣刷、棉棒沾取，或是裝到噴瓶中，有效去除局部汙。

洗衣機選用

洗衣機是現代人完全不可或缺的省力家電之一，但要如何選擇適合自家使用的款式類型呢?先從了解家中的洗衣需求和不同機能特性…等種種小細節開始著手吧。

POINT1

確認擺放空間大小

購買前先丈量放置洗衣機的空間有多少，以公分為單位，量出寬×高×深，再選擇機型。若空間有餘裕，建議選擇容量稍大一點的洗衣機，因為內槽滾動空間大的話，洗衣更乾淨。

POINT2

依洗衣多寡換算容量

選購前，先精算洗衣槽高寬深的數據，再換算成總體積會較準確。此外，也要參考家中人數，判斷一下洗衣需求量，基本上，一次洗4套衣物的話，至少12公斤以上的比較夠用。

POINT3

選擇合用機種

市面上的洗衣機，最常見的是直立式和滾筒式。直立式是以轉盤和內外槽透過水流洗衣，洗淨力強且價格親切;而滾筒式是透過旋轉的高地落差摔打，再配合水流進行洗衣，較不傷衣料且省水，但單價比較高一些。

圖片提供／惠而浦
新禾家電總代理

POINT4

注意保固年限

購買洗衣機時，除了詢問全機保固年限或
細看保證卡之外，另可一併詢問其他零件、
操作面板的保固期，因為這些部分比馬達
更易損壞，需先了解清楚或諮詢是否有延
長保固的方案選擇。

家庭人數	挑選參考
1～2人小家庭	若只洗一般衣物，可選6～10公斤的洗衣機，若要加上洗大型床單、被單、毛毯類，則選12公斤左右的洗衣機比較好。
3人以上家庭	可考慮9公斤以上的洗衣機，因為5件衣服大約快1公斤，若家中有3～4人、又有空間可放置的話，建議挑11～13公斤的。
5人以上家庭	家中成員多又想省力洗衣的話，15～17公斤以上的大容量洗衣機是個好選擇；但如果每次洗衣量不多，習慣分次少少洗的話，則不一定要選大容量的。

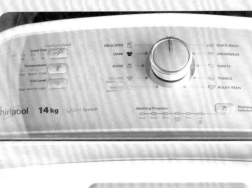

GOOD IDEA

洗衣機日常使用及保養

許多人習慣用多一點洗衣精、以為加得多就乾淨，但其實減半使用就足夠，不僅環保、省水，也避免洗衣精殘留；若仍希望洗淨力佳和去味的話，可以在減半洗衣精裡加酌量小蘇打粉。洗衣時，建議衣物量放八分滿，內槽才有空間好攪動清潔，也儘量將衣物分類清洗。

此外，洗衣機使用久了，內槽會殘留洗衣後的汙垢，留下黑黑黏黏的小屑屑，因此定期清潔洗衣機相當重要，至少一兩個月一次（或每洗30次衣物就進行清潔）。清潔洗衣機時，除了用市售的洗衣槽清潔劑，小蘇打粉加白醋的天然清潔效果也很佳！在滿水位的洗衣槽中加1杯小蘇打粉或300ml的白醋（或檸檬酸粉），讓洗衣機內槽攪動5分鐘，再靜置1小時，把水槽的水全放掉後，再清洗一次，就能徹底清潔內槽了。

為保持洗衣內槽的乾燥，平日於衣物洗好後，要儘快拿起來晾，別讓衣物悶在洗衣機裡。此外，洗衣機沒有使用時，門或蓋子要打開，讓裡頭的濕氣能夠散去。

認識洗標與衣料

衣物就像許多商品一樣,有專屬自己的使用說明,洗衣前,花點時間詳閱洗標,包含清洗、熨燙的每個小註解,讓我們在處理衣物時,能減少傷及衣料的可能。

水洗

代表此衣物可以水洗,有些會連溫度限制也一起標上;如果此符號上方多了小手,表示用手洗為宜。若符號下方有條短線,是指中速水流清洗,兩條短線是弱速清洗。

不可水洗

此符號表示無法用水洗方式處理,包含機洗以及手洗。

乾洗

洗標上若出現此符號,則代表需要使用非水洗方式做處理,例如氟素、石油類…等等,建議讓洗衣店的專業人員處理即可。

漂白

此符號上會標示用氧系或氯系漂白劑,如果三角形上面直接劃叉,代表不能漂白;若都沒數字,表示不限用漂白劑種類。

晾曬

如果此符號上少了衣架,代表建議衣物平放晾曬;衣服止面有斜線的話,則是指要晾在陰涼處為宜。

熨燙

若洗標上有此符號,代表可以熨燙沒問題,若符號下方又多了波浪線,熨燙時得墊一塊布在衣物底下。

扭擰

有些衣料不能用洗衣機的強力脫水功能,所以此符號表示手洗完之後要輕扭乾,或只能短時間脫水。

烘乾

此符號是提醒要根據上面標示的溫度做烘乾,以免傷及衣料,說明包含數字或點點來表示最高的溫度限制。

分類	衣料種類	特色	適用洗劑	熨燙溫度
天然纖維	棉 COTTON	吸濕又透氣，但容易有皺摺或縮水。	洗衣皂 中性洗劑	160-200度
	麻 LINEN／FLAX	常見於夏天衣料，易有皺摺和褪色。		180-200度
	絲 SILK	裙子和領帶的常用布料，其吸濕性佳；容易因為太陽照射而變色。	中性洗劑或送乾洗	110-130度
	羊毛 WOOL	不易有皺摺，且有彈性，是常見的冬天衣料。		130-160度
	喀什米爾 CASHMERE	山羊絨，其纖維細且非常柔軟，但不耐磨、易起毛球。		
化學纖維	壓克力纖維 ACRYLIC	輕、軟且具有彈性，不太容易有摺痕，但易有靜電。	中性洗劑	90-110度
	尼龍 NYLON	有光澤的布料，不易吸水、不耐熱，也不易有摺痕。	洗衣皂 中性洗劑	
	嫘縈 RAYON	有著如絲般的光澤感，容易吸濕、觸感佳，同時也易有摺痕或洗後縮水。		130-160度
其他類	合成皮革&人工毛皮	不耐高溫，長時間使用久了會有劣化可能。	中性洗劑或送乾洗	不適宜熨燙
	真皮皮革	購買時，請詢問是否可水洗，若可以的話，請用稀釋的小蘇打水擦拭清潔；若不適合水洗，建議乾洗為宜。		

註：若常注意洗標的人會發現，現在許多衣料大都是混合材質，各取不同材料的優點。
因此，詳閱洗標說明就變得十分重要，幫助你正確處理、清潔每件衣物。

GOOD IDEA

認識水洗&乾洗

水洗是用清水和衣物洗劑進行機洗或手洗，而乾洗是用石化有機溶劑為衣物做清潔。藉由溶劑的方式，衣物乾洗後，能去除塵土或髒汙油質…等等，達到免用水的清潔效果。
大部分會送乾洗的衣料，多為純毛料、絲織品，或是厚重難處理的大衣外套…等。

機洗前的重要小事

機洗雖然方便快速，但有些細節得注意，例如衣物袖子糾結，或是軟質料的衣物怕洗壞，以及衣物在洗衣機中攪動時，袖口會被扯鬆等等，事前輔以小技巧，能讓洗衣效率更加倍。

About Laundry Tips

保護衣物的小眉角

把衣物放入洗衣機之前，有幾個小動作別忘記，以免讓衣物愈洗愈髒或是毀損。

POINT1

分辨材質和洗標

洗標上清楚說明對待衣物的方式，花10秒鐘閱讀上面的材質及清洗注意事項，避免不當清洗破壞衣物之餘，也讓衣物清潔一次到位。

POINT2

衣物攤平才放洗衣袋

洗衣袋能保護衣料、減少磨擦。但放的方式不對，會使衣物清洗不夠完全，需整件攤平於洗衣袋中。

POINT3

洗衣袋墊毛巾防拉扯

絲或針織類的質料細緻，若無法避免機洗，建議用洗衣袋並在裡頭鋪毛巾，包住衣物才機洗。

POINT4

深淺色衣物分開洗

剛買回來的衣物或牛仔褲、有染色疑慮的衣物分開放，或先清洗、浸泡一次，再機洗為宜。

POINT5

橡皮筋圈住袖口防鬆

針織上衣或軟質衣料袖口容易因為攪動而被扯鬆，可用橡皮筋圈住再機洗。

POINT6

袖子收進衣服內防打結

為減少衣物袖子在洗衣機內纏繞的窘境，可把袖子先收進衣物內再清洗。

POINT 7

扣好扣子或拉起拉鍊

清洗有扣子、拉鍊的衣物時，例如襯衫或牛仔褲、外套等等，先把扣子扣上或拉起拉鍊，才不會使衣物在洗衣機裡被過度攪動而打結。

POINT 8

衣物口袋翻開洗

機洗前，除了清空口袋內的雜物之外，記得翻開口袋，用洗衣刷清潔內部，裡頭的屑屑或髒汙是很容易被忽略的小地方。

POINT 9

褲子翻面才機洗

針對容易褪色的褲子，請事先翻面再機洗；褲子翻面洗的另一好處是，有助於褲襠處被清洗到，而不會藏在裡面而洗不乾淨。

POINT 10

有汗味衣物分開放

汗味是因為菌的關係，會在衣物上留下味道，例如貼身背心、男生T恤脫下後另外放，並且先洗一次後再機洗，避免讓汗味也沾到其他衣物上頭。

POINT 11

厚重衣物放洗衣機底部

厚重衣物放底部，例如褲子，之後再放一般上衣、背心，會有助於洗衣機於清洗時更好攪動。

POINT 12

柔軟衣物後再機洗

除了柔軟精，改用天然素材也是一選擇，一小匙檸檬酸粉就能代替柔軟精，浸泡衣物2至3分鐘再機洗。

機洗前的基礎去汙

衣物上若有髒垢、泥土、油漬、汗斑等等的小麻煩，請先用簡單洗滌劑或慣用的衣物專用清潔劑先初步整理，才不會汙染洗衣機裡的其他衣物。這裡示範簡單去汙步驟，適用於淺層的衣物汙漬、水性汙漬、泥塵，若是油性或已吃進纖維的汙漬，請用專業或比較強力的洗滌劑處理。

STEP1

在有汙漬的衣物下方墊毛巾，以免清潔時染到另一面。

STEP2

用沾水的濕布或濕紙巾，點狀拍打去汙，避免抹或推。

STEP3

用家事皂或洗衣皂，輕輕搓洗汙漬處。

STEP4

用沾水的乾淨濕毛巾拍打汙漬處，再去汙一次。

STEP5

備一盆肥皂水或於清水下，輕輕搓洗汙漬處再扭乾。

STEP6

最後與衣物洗劑一同進洗衣機，必要時套入洗衣袋。

Clean
Every Kind
Of Stains

遇到頑固汙漬的處理方法

介紹幾種汙漬處理,清潔時,需集中在汙漬處並避免大動
作搓洗,以免汙漬沾染到旁邊的乾淨區域;並建議儘快處
理,汙漬或油才不會被吃進纖維中。

	STEP 1	**STEP 2**
油狀汙漬		
	黑肥皂濃縮液加水調製稀釋，再用棉棒沾取清潔汙漬處。	局部清潔後，用中性清潔劑搓洗整件衣物。
液狀汙漬		
	用濕紙巾吸取、輕按衣物表面液狀汙漬。	以洗衣皂搓洗液狀汙漬處，再水洗乾淨。
黃漬		
	在衣物表面噴點氧系漂白水或是用棉棒沾取，局部漂白。	用吹風機加強欲漂白處，高溫提昇漂白效果，最後再清洗。

STEP1	STEP2

水性顏料、蠟筆

備一盆溫熱水,加入中性洗劑,浸入衣物。

浸泡後,溫熱水能讓顏料或蠟筆顏色去除,再搓洗乾淨。

STEP1	STEP2

汗味

準備一盆水,滴入一點白醋浸泡搓洗。

若覺得醋味重,可加幾滴精油一起清洗,消除汗味。

STEP1	STEP2

筆漬

用水晶肥皂或家事皂塗抹搓洗,能去掉大部分筆漬。

比較重度的筆漬,用棉棒沾去光水去除,最後再清洗一次。

血漬

用冷水直接清洗,或沾雙
氧水、市售去血漬清潔
劑,局部去汙搓洗即可。

化妝品痕跡

使用棉棒沾取卸妝液(卸妝
油則不建議)局部去除汙
漬,之後再清洗。

GOOD IDEA

不可或缺的去汙道具

冷洗精
清潔貼身衣物、手洗圍
巾或特殊衣料使用。

黑肥皂
用於機洗前的手洗
程序,能去除液體
和油性汙漬。

洗衣皂
中性成分為宜,去
除塵土、淺層汙
漬、液體汙漬。

去光水
去除油性筆漬時使
用,去汙後要再清
洗一次衣物。

氧系漂白劑
比氯系漂白劑溫和,
用於潔白衣物或球鞋
時使用。

衣物的局部去汙與定色

Special Way
To Wash
Clothes

除了一般汙漬處理，衣物的局部處理也很重要，比如易弄髒的袖口、泛黃領口、牛仔褲清潔定色，皆需要花點一點時間，針對這些小地方做加強後再機洗。

STEP 1　　　　　　**STEP 2**

領口袖口

用市售的專用洗衣棒或家事皂，搓洗去汙。

若領口袖口汙漬較重，再用冷洗精加強清洗一次。

STEP 1　　　　　　**STEP 2**

牛仔褲清潔

用洗衣刷沾洗劑，刷洗褲襠內的區域。

容易被弄髒的褲腳，也一併刷洗乾淨。

STEP1　　　　　　**STEP2**

剛購入的新衣，浸入加了鹽或白醋的水中定色後再清洗。

若是黑色衣物，改加一點啤酒或菠菜汁，能減緩黑色褪掉。

STEP1　　　　　　**STEP2**

倒入氧系漂白水，讓整件衣物漂白，或是用棉棒沾取局部漂白後機洗。

亦可浸入加有小蘇打粉的水中，天然漂白後再清洗。

貼身與特殊衣料的溫柔手洗

無法進洗衣機洗的衣物，需要更溫柔的對待，才不會傷及衣料。介紹幾個手洗衣物的方式，適用於貼身衣物以及特殊材質的衣物，或是易起毛球的衣物也可以如此處理。

RULE1

壓按

用兩手輕輕把衣物壓入水中，反覆幾次，讓塵土掉落。

RULE2

拍打

小力用手拍打，或手掌微微弓起再拍打衣物表面。

RULE3

局部搓洗

搓洗襪子或褲管、領口，請抓取小區域輕輕搓。

RULE4

振動

採用上下左右的方式，提起衣物或在水中擺動，同樣幫助塵土掉落。

RULE5

浸泡

若汙漬比較重，在以上清洗後，在水中加點洗衣精或氧系漂白劑浸泡。

RULE6

輕扭

洗好的衣物請輕輕扭乾即可，或是分次擠去水分，以免變形。

特殊衣物的溫柔手洗

STEP1	STEP2	STEP3

手洗針織衣時⋯

在盆中加入冷洗精或其他手洗劑，稍微浸泡搓洗針織衣。

清洗後，沿著洗衣盆，將針織衣按乾，再輕輕擠去水分。

將針織衣攤開，用乾毛巾包覆住，仔細按乾再進行晾曬。

STEP1	STEP2	STEP3

手洗毛衣時⋯

先用毛刷將毛衣上的灰塵輕輕去掉。

準備水盆，加入手洗劑，稍微浸泡、搓洗毛衣。

將毛衣攤開，用乾毛巾儘量按乾再進行晾曬。

襪子

STEP1

雙手穿入襪子中,抓住洗衣皂搓洗,反面也是。

STEP2

若襪子有不好味道,則可浸到水中,並滴幾滴白醋。

STEP3

襪子翻面,徹底清洗之後再沖淨。

STEP4

若想機洗,可在襪中加幾顆彈珠,再放洗衣機,能幫助去汙。

內衣

STEP1

在水盆中加入冷洗精或手洗劑，浸入內衣。

STEP2

用肩帶和背扣部分，搓洗內衣罩杯和鋼圈下緣。

STEP3

易與背部摩擦的背扣處，需加強搓揉。

STEP4

肩帶也是容易有髒汙的地方，同樣加強搓洗。

STEP5

清洗後，輕輕按乾內衣兩側襯墊的部分。

STEP6

或是用乾毛巾包住，再按乾襯墊亦可。

STEP7

若想機洗，可將內衣放立體洗衣袋，加幾顆彈珠於罩杯裡，幫助去汙。

STEP8

內衣襯墊可取出清洗並且另外晾；先在水盆中加入手洗精，再浸泡搓洗。

STEP9

襯墊搓洗後，再擠去水分，置於通風處晾曬。

About
Kid's Clothes
Cleaning

小孩的衣物與用品清潔

小孩或寶寶肌膚的比大人脆弱敏感，所以清潔方式得費點心，試著用天然素材來幫他們的用品、衣物做清潔，成分簡單也安心。

衣物去味

STEP1

準備一盆溫熱水，倒些許小蘇打粉。

STEP2

浸泡圍兜兜或包屁衣，能去除異味，之後再清洗一次。

去除衣物輕汙

STEP1

沾點小蘇打糊刷洗易髒的領口或褲襠。

STEP2

或沾點溫和洗衣精、黑肥皂稀釋液刷洗後再清洗。

STEP1　　　　　　**STEP2**

去除衣物重汙

在特別有髒汙的地方，撒上小蘇打粉。　噴上醋水，或倒點白醋起泡去汙，之後再用一般方法清洗。

STEP1　　　　　　**STEP2**

局部清潔

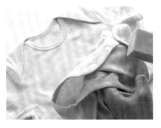　

用專用洗衣棒或溫和洗劑，搓洗易髒的褲襠處。　針對衣物上的奶味或異味，可噴點醋水搓一下再清洗。

	STEP1	STEP2
餐具食器	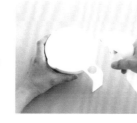	
	在小孩餐具上噴小蘇打水，擦拭。	或沾小蘇打糊做刷洗，之後再清洗一次。
玩具		
	布玩偶上均勻撒上小蘇打粉，再拍掉。	若是塑膠材質，改用小蘇打水擦拭或浸泡清洗。
奶嘴		
	備一個碗，加溫熱水和小蘇打粉，再浸入化妝棉。	方便外出時擦拭奶嘴，或噴小蘇打水在奶嘴上清潔。

STEP1

STEP2

 奶瓶

在玻璃奶瓶中倒入溫熱水和白醋，搖一搖去除奶味。

或改用碎蛋殼加溫水，同樣搖一搖之後再清洗一次。

STEP1

STEP2

 水杯

沾點小蘇打糊，刷洗水杯內及隙縫、杯口處。

最後連小蘇打糊一起搓洗杯子，內外再沖乾淨。

GOOD IDEA

除異味　用小蘇打粉清潔、

丟掉剛換完的紙尿褲，或是擦拭過小孩嘔吐物的衛生紙，可以撒些小蘇打粉覆蓋在表面，讓味道不那麼明顯。此外，帶小來外出，最在意他們東摸西摸、手沾到細菌，建議媽媽準備一個小噴瓶裝小蘇打水，擦拭餐具、玩具、兒童椅、車內座椅都好用。

外出時的清潔對策

EMERGENCY PROCEDURE

每當衣物突然沾到汙漬時,當下難免會覺得有些慌亂,以下介紹幾個好用的處理步驟,能及時減少污漬,之後的清洗也就不會那麼棘手了。

急救 5 步驟

5 STEPS EMERGENCY PROCEDURE

STEP 1

吸除多取液體

如果衣物上沾了飲料或是不含油份的醬料，可以用乾淨紙巾或乾布先把布料表面大部份的液體吸除掉，以避免滴到的地方擴散。

STEP 2

沖掉大部份汙漬

許多人會直接用水沖洗衣物髒汙，但是毛料、絨布…等布料並不適合用水沖，需改用微濕的布或紙巾擦除；只要避開這類布料，一般的沖水動作可避免汙漬滲入纖維。

STEP 3

拍除表面油汙

使用乾布或用面紙沾點水，輕輕拍除，將衣物表面的部份汙漬去除；但記得動作要慢和輕柔，以免汙漬擴散或過度摩擦衣物。

STEP 4

抓除固體汙垢

若沾到肉末或是食物屑屑…這類固體汙垢，用紙巾把汙垢包住再輕輕捏抓起來，因為徒手抓取可能會讓汙漬沾染到其他地方。

STEP 5

刮除多餘汙漬

衣服表面滴到果醬、番茄醬、奶油這類稠狀醬料時，可以用湯匙把多餘的醬料刮掉，但是動作要小，才能避免讓汙漬沾染到別處。

出門在外時，衣服突然弄髒了，該怎麼辦？

出門時，如果衣服沾到髒汙或者用餐時沾到醬料，無法立即清洗時，可用面紙沾水把汙漬輕輕拍除，或者用濕紙巾把汙漬先去除。擦拭時，記得從汙漬外圈往中心擦，才不會讓汙漬暈到外圍。

HANG OUT THE LAUNDRY TO DRY&IRONING

衣物的晾曬、熨燙與整理

在清潔完衣物後，會進行晾曬與熨燙的動作，
這部分也是相當重要的過程，影響到衣物在乾燥後，能否更好摺收或
整理。晾曬時，有些工具或方法可幫助衣物更快乾；
而熨燙，則得注意衣料種類和溫控，才能讓衣物體面又平整。

晾衣的小要領

面對濕濕的衣物要晾曬時，其中有些小要領和注意事項，以及沒空間時可以怎麼晾？如何晾才快乾？提供幾個基礎晾曬處理，讓你洗衣後的工作更順手。

BASIC1

避免下拉變形

濕衣物的重量會使衣物向下拉，時間久了，導致領口、袖子變形，因此針對不同類型的衣物用不同的晾曬法。

BASIC2

晾曬時拉平整

晾曬時把衣物整件順平整，一來減少衣物表面皺摺，二來讓衣物不糾結，這樣風乾的效果才會好。

BASIC3

厚薄衣物交錯晾曬

方型衣架常被用來晾曬小型織品，吊掛時，可讓「厚薄交錯」，即一件厚的、一件薄的，交錯晾曬，讓通風更好。

GOOD IDEA

有限空間的晾衣法

若家中的晾衣空間有限，又想多晾些衣物時，可參考以下一些小方法，比如薄衣物、小毛巾、手帕或襪子，增加晾曬的數量。

以下方法主要是附夾晾衣架的延伸用法，特別適合租屋族。建議可購買尺寸大一點的方型晾衣架、才好展開，而且活用的方式也會比較多。

衣架上方可晾薄衣物
這種家中常見的衣架，上方可用來晾薄衣物、小條毛巾或手帕…等等，多一處晾曬空間。

增量晾曬襪子
先在一般衣架上吊掛襪子後，再加上附圈的衣夾，就能向下吊掛多一倍的襪子量。

增加通風效率
若只有一個衣架，需晾曬多種衣物時，吊掛法為「短在外、長在內」，此種順序能讓通風變佳。

各式衣物的晾曬方式

衣服洗好了,並不是只從洗衣機裡取出,隨意套上衣架就夠!想要衣物晾乾後更好整理熨燙和收納,從晾衣開始,有些小訣竅可依循,幫助你事半功倍、提昇風乾速度。

長褲

WAY1	WAY2	WAY3

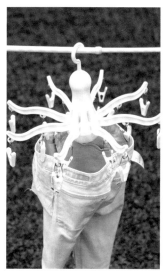

晾長褲首重通風才快乾,可用圓形晾衣架撐開,代勞立體晾曬。

使用鐵絲衣架,將2個衣架加4個衣夾,把褲子撐開晾曬。

有些褲頭後方附有吊掛帶,方便扣在衣架上,撐開褲子、助於快乾。

易變形的衣料

WAY 1

太容易變形的衣料，改用可平擺的曬衣網，攤開整件衣物晾。

WAY 2

如果是針織衣，因為濕衣物有水分重量，易下拉變形，晾衣時可把袖子提到肩線處。

WAY 3

如果手邊沒有可平擺的曬衣網，也可用大條的乾毛巾打造平擺空間。

襯衫　　　　　　　　　連帽T恤

WAY1　　　　　WAY2

為使襯衫領子不變形，扣上全部扣子後，用2個衣架和衣夾撐開領口處晾。

另種晾法是，讓襯衫領子朝下、整個拉直，讓領子可以立體晾曬。

連帽T恤的帽子需拉開，多加1個衣架和衣架，讓連帽的部分通風。

厚毛巾

WAY 1

為讓厚毛巾更快乾，可用2個拉成菱形的鐵絲衣架輔助。

把厚毛巾鋪在鐵絲衣架上，就能通風晾曬。

WAY 2

若有附衣夾的衣架，則採S形方式晾曬，把毛巾夾在衣架上。

內衣

不當晾曬內衣，容易使其變鬆變形，正確方法是讓肩帶朝下，內衣脊心處拉平、用2個衣夾固定鋼圈下緣。

圍巾

用3個拉成菱形的鐵絲衣架輔助，拉開圍巾晾曬平攤。

燙衣知識與保養祕訣

許多人覺得燙衣服是件麻煩事、感覺很花時間,但其實體面外表和燙衣服有很大的關係,這裡告訴你如何克服燙衣困擾和認識熨斗用法。

認識熨斗

BASIC1

善用熨斗尖端與弧度

熨斗的設計為橄欖形,是為了因應衣服上的裁線與摺線,因此燙衣時要特別善用「熨斗尖端」和「兩側弧度」。例如熨斗尖端,就能深入袖口內部和小摺線…等細節;而弧度則是利於熨燙時,能順著每件裁線移動、燙平。

BASIC2

蒸汽與噴霧加強平整度

熨斗使用前,需用開水注入注水孔,而不要用自來水,以免水中雜質堵塞噴霧出水孔。調溫蒸汽型熨斗的面板下有噴汽孔,讓水加熱後產生蒸汽釋出,而調溫蒸汽噴霧型熨斗,是透過有閥門的噴霧孔噴出水霧,讓厚衣物能均勻吸到水汽。

BASIC3

針對衣料調整溫度

不同布料的溫度耐受程度不一樣,為免布料縮水,在熨燙前,需先閱讀洗標上的材質說明並調整旋鈕上的溫度,由溫度低的衣料開始燙。若是不宜高溫熨燙的衣物、但又想要平整,可在衣物上放薄毛巾再燙,就能多一層保護。

溫度注意

低溫	中溫				高溫
80-100度	110-120度	130-140度	140-160度	160-180度	180-210度
壓克力纖維 尼龍	絲	羊毛 喀什米爾	縲縈	棉	麻

熨斗保養

STEP1	STEP2	STEP3

收納熨斗前，可用舊牙刷沾點牙膏刷熨斗表面，能去除大部分髒點。	待大部分髒點去除後，再用乾布擦拭金屬面和整體機身。	熨斗使用完後，倒掉注水孔裡的水並保持乾燥；避免水垢累積，而影響噴霧釋出。

襯衫燙法

STEP1

讓襯衫正面朝下、拉平衣領，朝一個方向熨燙。

STEP2

接著燙袖口，先對齊兩側裁線，熨斗由前往後拉，才好燙平。

STEP3

肩線部分也對齊，再善用熨斗尖端順勢往下，讓肩膀處平整。

STEP4

肩膀處燙好以後，讓熨斗由袖子肩線處往袖口方向燙平，兩隻袖子分別燙平整。

STEP5

接著換燙襯衫正面，一手拉平襯衫，一手由胸口處往衣襬方向燙。

STEP6

襯衫正面左邊燙好後，接著燙背面，同樣一手拉平、另一手熨燙。

POINT1 沿著肩線、袖口摺線，熨燙才會順又快。

POINT2 若是女生襯衫，襯衫腰線也需一併熨燙。

STEP7

背面燙好後，移動到襯衫正面右邊，由胸口處往衣襬方向燙。

STEP8

若是女生襯衫，兩側腰線部分需對齊再熨燙，就能平整。

STEP9

袖口附近的小摺線，需用熨斗尖端伸進去燙，再另外燙平袖口處。

STEP10

袖口附近的扣子處，以熨斗尖端壓一壓，加整平整度。

STEP11

襯衫正面的成排扣子處，也善用熨斗尖端熨過去燙平。

STEP12

最後，加強袖口處，將袖口內側拉開，燙平整就完成。

POINT3 　按著襯衫裁線，有次序的分區塊燙才方便。

POINT4 　袖口的小摺線，可用熨斗尖端加強撫平。

T恤燙法

STEP1

先燙正面,順平肩線,用熨斗尖端貼著肩線邊燙邊移動。

STEP2

接著燙領口,用熨斗尖端貼著領口邊燙邊移動,就會燙平整。

STEP3

將T恤左側朝自己,熨斗往下襬方向燙,從T恤左側燙到右側結束。

STEP4

下襬燙好後,拉平T恤中段處,兩手由中心向外推,此動作能防止正面留下摺痕。

STEP5

最後將T恤翻回正面,整面燙平,但切記一樣同方向,不要來回燙。

STEP6

把T恤套入燙馬,邊燙邊轉動T恤,就能照顧到每個面。

POINT1 善用燙馬,讓T恤變立體,邊轉動才好燙。

POINT2 為避免燙正面時讓背面皺,需邊燙邊撫平。

西裝褲燙法

STEP1

首先拉平西裝褲的摺線，延著摺線往下燙平。

STEP2

摺線邊邊的地方，用熨斗前端壓一壓。

STEP3

拉平整件褲子，從腰際開始，分別熨燙兩只褲管。

STEP4

褲管燙好後，一手拉腰際摺線處，一手拉褲管，讓褲子的中線出來。

STEP5

摺出中線後，從腰際開始，分別熨燙兩只褲管。

STEP6

最後加強褲腳平整度，並把中線熨燙得再明顯些。

POINT1 依據摺線，順勢往下燙平，兩只褲管要分別熨燙。

POINT2 抓出褲子的中線，並且分別熨燙，褲管才會立體筆挺。

省空間的摺衣法

FOLDING
CLOTHES

學習摺衣服是整理衣物的第一步，確實摺衣是能大大縮減衣物體積，讓衣櫃空間更有餘裕，而且讓衣物分類有效率、每天更衣時也更好找好拿取。依據不同的衣物種類，此篇將示範基礎摺衣法，以及快速摺衣的訣竅。

短袖 T 恤（捲收）

T恤版型簡單，是很好整理的衣物種類之一；若希望衣櫃或抽屜中可大量收整 T恤，就用簡單捲收的方式，快速又收納得多。

STEP1

先將短袖T恤對摺一半。

STEP2

將 T恤袖子往內摺，使整件呈長條形。

STEP3

捲起T恤下襬，直到最上方處。

STEP4

整件捲收好的短恤 T恤。

短袖 T 恤（快速摺）

捲收 T 恤是入門版本，這裡示範的快速摺法，能讓 T 恤圖案都露出來，就像到服飾店看到成落疊好的衣物那樣整齊。

STEP1

把左肩袖子往內摺約四分之一。

STEP2

分別抓住 T 恤上下方，往中間摺收，讓兩手相接。

STEP3

右手往後、左手往前，把 T 恤拉平整。

STEP4

左右手平行，讓衣物變成方塊狀、袖子落在桌上。

STEP5

將 T 恤往前疊、壓在袖子上。

STEP6

最後把 T 恤疊好，並且拉平整。

長袖Ｔ恤（摺收）

如果想明確看到衣物圖案，可完成6步驟之後直接疊放；若想放進衣櫃抽屜更省空間，可再摺半一次成長方形。

STEP1

Ｔ恤正面朝下，將左手袖子往內摺。

STEP2

右手袖子向內收摺。

STEP3

右手袖子向內收摺三分之一。

STEP4

左邊也是，往中間摺入三分之一變長條。

STEP5

整件Ｔ恤往中間摺入三分之一。

STEP6

將Ｔ恤下襬往上摺三分之一，最後轉正。

長 袖 T 恤（快速摺）

除了簡單捲收，如果習慣T恤圖案露出
才好找的話，改用「點對點」的快速摺
法，每件T恤就能摺成同等方塊大小、
以利堆疊。

STEP1

T恤橫放攤平，左手抓住T
恤左肩上方、右手沿著向下
抓正面約二分之一處。

STEP2

右手抬起，讓T恤下襬和左
手抓住的地方相接。

STEP3

T恤拉直，左右手平行、整
理一下，讓衣物變成方塊
狀、袖子落在桌上。

STEP4

讓呈現方塊狀的T恤疊在
左、右手袖子上。

STEP5

將T恤往前疊、壓在袖子
上。

STEP6

最後把兩隻袖子都收進T
恤中。

不規則上衣

版型不對稱的衣物時,常見狀況是怎麼摺都會露出邊角,這時只要把握一原則:讓衣物呈現方形長條狀,就能好收整。

STEP1

先將不規則上衣的其中一邊往內摺三分之一。

STEP2

另一邊也同樣往內摺三分之一。

STEP3

捲起衣物下襬的部分。

STEP4

一直捲收至最上方衣領處。

STEP5

捲好之後,再翻到正面即可收納進衣櫃。

軟質料上衣

軟質料或澎澎的上衣不好摺，或者摺了
之後容易散開，這時可用捲收的方式，
讓衣物體積變得更小，才好收納。

STEP1

攤平軟質料上衣，並往內摺
收兩側袖子。

STEP2

先將一邊往內摺三分之一。

STEP3

另外一邊也往內摺三分之
一，使其成長條形。

STEP4

捲起下襬部分。

STEP5

繼續往上捲，直到上方衣領
部分。

STEP6

最後捲好的上衣。

長袖襯衫

將襯衫扣子事先全部扣好，摺疊時才好拉平。

STEP1

先將襯衫扣子全扣好，然後襯衫正面朝下，左手袖子往內摺。

STEP2

左手袖子向下摺，使其和側邊平行。

STEP3

右手袖子同樣往內摺三分之一。

STEP4

將右手袖子往內收、向下摺，使其和側邊平行。

STEP5

將襯衫下襬往上方摺起三分之一。

STEP6

襯衫上方領口處往下摺，最後轉正。

長褲

長褲摺收重點為：褲襠處的部分也內摺，讓整件褲子兩側是直線、才不會多出一小塊，如此就能摺成長方形再直立收。

STEP1

先將長褲左右對摺，褲襠處也對齊。

STEP2

將褲襠處往內摺，使褲子成一直線。

STEP3

將整件長褲分成三等分，褲管處向上摺三分之一。

STEP4

褲頭的地方則向下摺收。

STEP5

摺好的長褲再對摺一次，就能直立收納於抽屜。

牛仔褲

牛仔褲比較厚實，不方便摺成小方塊狀，可改用以下摺法，一來讓褲子不易散開、好疊放，二來是摺好後便於捲起收納。

STEP1

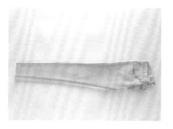

先將牛仔褲對摺，褲襠處的部分也對齊。

STEP2

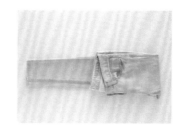

將整件長褲分成三等分，褲頭處向下摺三分之一。

STEP3

再將褲管往上摺，收進褲頭內即可。

STEP4

此種摺法的牛仔褲，疊放時比較不容易散開。

一般長裙

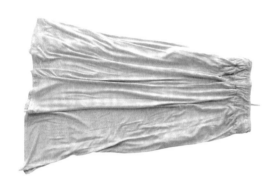

軟軟的長裙不管是摺或捲，都很難處理，建議可加條乾淨舊毛巾，幫助摺衣時更好塑形，就能疊放在衣櫃。

STEP1

讓長裙正面向下，整件攤平，裙襬處也拉開。

STEP2

在長裙上放一條乾淨舊毛巾，將裙襬一處往內收。

STEP3

另一側裙襬也往內收，蓋住毛巾，使裙子成長條形。

STEP4

裙襬向腰際處摺，需蓋住整條毛巾。

STEP5

將剛才摺好的部分，再摺一次變對半。

STEP6

最後將腰際處向下摺，讓長裙變成長方形。

雪紡連身裙

像這類異材質拼接的連身裙,摺收時,先將上半身向內摺,再將滑滑易散開的雪紡或絲質部分往上摺收。

STEP1

非雪紡的上衣部分,先往裙襬方向摺。

STEP2

將裙襬的一處往內摺收。

STEP3

另一側裙襬也往內收,使裙子成長條形。

STEP4

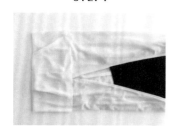

將長裙分為四等分,由下襬開始向上摺。

STEP5

繼續向上摺收裙襬,直到變成長方形為止。

STEP6

捲收好的雪紡連身裙(可再對摺一次,更不易散)。

厚針織外套

有點厚度的針織外套，可用摺收的方式再做收納，但摺收前，記得先扣好扣子的部分，摺的時候才會比較方便、形也不易跑掉。

STEP1

先把針織外套的扣子都扣好。

STEP2

針織外套的正面朝下，袖子向交叉內摺好。

STEP3

將針織外套的一邊往內摺一部分，約三分之一。

STEP4

另一邊也同樣往內摺好，使其成長條形。

STEP5

摺起針織外套的下襬部分。

STEP6

摺好的針織外套先轉到正面再收納。

薄針織外套

薄的針織外套比厚的質料更軟更不易摺，所以建議最後收尾時，改用捲的方式，堆放於衣櫃抽屜或小籃小盒時會更好拿。

STEP1

先把針織外套的扣子都扣好、正面朝下，一邊袖子往內收。

STEP2

往內收的那側袖子，再往衣襬方向往下摺。

STEP3

另一邊的袖子也往內摺。

STEP4

將剛才的那一邊袖子往內收且向下摺。

STEP5

捲起針織外套的下襬部分。

STEP6

最後捲成小小的長條形。

連帽 T 恤

連帽的部分總是卡卡的、不太好摺,因此要先將帽子往內收好,再把兩側袖子分別往內摺,最後才方便摺成好收納的大小。

STEP1

將連帽的部分摺平整、向內收,其中一側袖子往內摺。

STEP2

另側袖子也往內摺,記得袖口處再摺一次,讓兩隻袖子疊好。

STEP3

接著將連帽 T 恤的一邊往內摺一部分。

STEP4

另一邊也同樣往內摺好,使其成長條形。

STEP5

摺起連帽 T 恤的下襬部分。

STEP6

摺好的連帽 T 恤轉到正面再收納即可。

襪子

除了一般常見的捲收法，還有另一種方
法是將襪子摺成方塊狀，比較不會拉扯
到襪子的鬆緊帶。

STEP1

將襪子的正面分別攤平。

STEP2

兩隻襪子交疊成 T 字形。

STEP3

抓住上方襪子的兩端，並往
內摺。

STEP4

STEP3抓住的部分往下摺。

STEP5

最後把露出來的腳趾部分摺
進去即可。

STEP6

摺好的襪子是方塊狀，收納
時好找好排列。

細肩帶小可愛

細肩帶的部分，可當成收納時防散亂的小輔助，整件摺成長方形後，再用肩帶把衣服套入固定。

STEP1

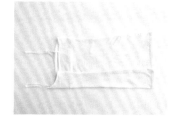

攤平細肩帶小可愛，往中心先摺進四分之一。

STEP2

另一側也往中心摺，使其成為長條形。

STEP3

衣襬往上摺一半左右，肩帶處保留一點空間。

STEP4

剛才摺好的部分，再往上摺一半。

STEP5

再往上摺，直到細肩帶小可愛變成長方形。

STEP6

最後將兩側細肩帶分別套進衣服固定。

背心

背心這類小型衣物，一旦數量多就難整理，但只要摺成長方形，就方便收進抽屜，再依顏色或使用習慣分整。

STEP1

把背心對摺成一半。

STEP2

肩帶處往下摺，使背心變成長條形。

STEP3

接著繼續往下摺收。

STEP4

摺到最後的部分，把背心收進衣襬。

STEP5

摺好的背心呈現方塊狀，方便收進抽屜。

內搭褲

內搭褲摺收的重點和背心類似，雖然版型完全不同，但都摺成長方形，即便數量多也可以收整好。

STEP1

將內搭褲對摺，將褲襠處的部分往內摺。

STEP2

整件內搭褲對摺一半。

STEP3

接著再往褲頭處摺一部分。

STEP4

有鬆緊帶的褲頭處往下摺。

STEP5

用褲頭的部分，把摺好的褲子套入。

STEP6

最後摺好的內搭褲，方便直立收進衣櫃。

女生內褲

適用於女生男生的三角褲,不僅能把內褲摺得很小、褲頭也能露出,而且也適合行李收納時,縮減空間不易亂。

STEP1

將內褲正面分成三等分,褲頭往褲襠處摺三分之一。

STEP2

繼續往上摺三分之一,但讓褲底的部分露出。

STEP3

將內褲翻面,左側部分往中心摺三分之一。

STEP4

另一側也往中心摺三分之一,使其相疊。

STEP5

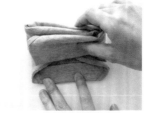

用上方摺好的區塊,把褲底部分包起、摺進去。

STEP6

摺好後變成長方形的樣子。

STEP7

接著再往內翻摺，但褲底仍要包在裡頭。

STEP8

摺翻到讓褲頭露出為止。

STEP9

最後用褲頭把摺好的地方完全包進去。

STEP10

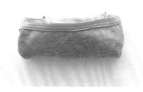

整件摺好的女生內褲，體積變小許多。

GOOD IDEA

女生內衣收納法

一般來說，為避免內衣變形，收納前需把「內衣扣好、肩帶收進罩杯」，再採用一件一件疊放的方式收整。如果實在沒有空間，才以兩個罩杯交疊的方式收納。

避免變形：疊放

收納前，將內衣扣帶扣好、肩帶收進罩杯，讓內衣好疊，讓內衣在不歪斜的狀態下收納、防止變形。

沒空間時：摺收

如果衣櫃內的收納空間實在很有限，才以兩個罩杯交疊的方式收納，可用小盒或籃子專門分類收整好。

絲襪

絲襪類織品通常數量多,有時同色更不易分辨,除了用捲收法收整,建議用分隔小盒分整、並標記種類就更好找。

STEP1

整件絲襪先對摺成長條。

STEP2

接著再對摺一半,預留一小部分褲頭。

STEP3

接著往褲頭處慢慢捲收。

STEP4

用褲頭的部分,把摺好的絲襪套入。

STEP5

最後摺好的絲襪不易散開。

STEP6

摺好的絲襪用小盒分整,盒外還能標記種類。

男生內褲

男生內褲有三大類，平口式拳擊型內褲、三角褲、四角褲，這裡示範的是可將內褲摺成長方形的方式（三角褲摺法請參考P228-229）。

STEP1

將內褲平攤、分成三等分，其中一側向內摺。

STEP2

另一側也往內摺，讓整件內褲變成長條形。

STEP3

由褲襠處開始往上摺收。

STEP4

最後摺收褲頭處時，塞進褲頭裡。

STEP5

整件摺成長方形的四角內褲就不易散。

STEP6

長方形收納進小盒子或抽屜時也更好拿。

小孩上衣

小孩衣物不像大人衣物可全部吊掛，想省空間的話，捲或摺收還是最快的方式，最後再用小盒子收整即可。

STEP1

讓小孩上衣正面朝下，兩側袖子往內摺收。

STEP2

左側部分先往中心摺兩次。

STEP3

右側部分也一樣,先摺一次。

STEP4

再往中心摺一次，讓小孩上衣變成長條形。

STEP5

接著由衣襬開始往上捲。

STEP6

最後捲好的小孩上衣，收在盒中或抽屜都方便。

小孩裙子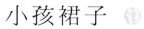

小孩裙子因為小小件,所以會澎澎的不好摺,同樣善用鬆緊帶的部分,把裙襬固定住即可。

STEP1

把小孩裙子分為六等分,先往內摺一部分。

STEP2

摺好的部分壓著,另一側也往中心摺。

STEP3

摺到整件裙子變成長條形為止。

STEP4

一手壓著裙子腰際,一手將裙襬往上摺。

STEP5

利用鬆緊帶的地方,把裙子套進去。

STEP6

最後摺好的小孩裙子。

小孩褲子

小孩褲子或內搭褲都能用這樣的摺法處理，再準備大小不同的盒子，就能把厚薄不同的褲子分門別類了。

STEP1

將小孩褲子對摺，並讓褲襠處往內摺。

STEP2

將褲子分為四等分，往褲頭方向摺四分之一。

STEP3

接著一直往褲頭方向摺收。

STEP4

用褲頭的部分，把摺好的褲子套入。

STEP5

最後摺好的小孩褲子（小孩內搭褲也適用此法）。

STEP6

利用可堆疊的分隔盒，把褲子、內搭褲、襪子收一起。

包屁衣

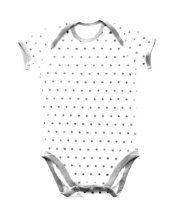

小孩包屁衣算是不規則上衣的一種，只要把握摺成長方形的原則，就能快速把它們整理好。

STEP1

先將包屁衣的褲襠處扣好。

STEP2

讓包屁衣正面朝下，一側往中心摺。

STEP3

另一邊也往中心摺，使其成為長方形。

STEP4

由褲襠處往衣領處摺。

STEP5

摺到包屁衣變成方塊狀。

STEP6

摺好的包屁衣，好拿好收。

HOW TO ORGANIZE A CLOSET

衣櫃裡的收納術

衣櫃收納是許多人的困擾，面對大量衣物和空間限制，

該怎麼收才好呢？從認識吊掛規劃和衣櫃空間開始，

再適時增加收納物件，

讓衣櫃收納像是有趣的排列組合遊戲。

How To
Organize
A Closet

吊掛規劃與空間活用

為了讓衣櫃裡的衣物配件一目瞭然，先從吊掛規劃開始，讓衣櫃正面方便你透視所有衣物位置；而衣櫃內的規劃，則用收納物件來輔助整理摺好衣物，打造整齊又好找的衣櫃非難事。

活用收納物件填空

善用各類收納物件，並填滿零星空間，例如吊掛區下方、衣櫃側邊隙縫…等，並依衣物屬性劃分收納。

讓衣櫃正面視線清楚

吊掛衣物時，由短至長排序、好讓正面清楚露出衣櫃的每一處，才能好找，也避免衣物被亂堆在角落。

用小盒籃和摺法分整抽屜

抽屜是密閉的、所以容易亂塞，先確實摺衣、直式擺放才省空間，再以盒籃或分隔片劃分，輔助定位。

TOOL1	TOOL2	TOOL3

收納小幫手 吊櫃　　**收納小幫手** 塑膠抽屜　　**收納小幫手** 小盒籃

由短至長排序

從習慣拿取的那側為起頭，由短衣物開始，然後吊掛不易變形的襯衫、上衣，接著長褲長裙，最後是長版外套或連身衣物。由短至長，是為了讓衣物下方可放收納箱或抽屜，收納別類衣物。若是隨意交錯吊掛，不僅難找，從衣櫃正面很難看清衣物深處、空間也無法被有效利用，這就是亂源的開始！

善用零星空間

先安排了吊掛順序，衣櫃內自然會出現零星空間，這樣時就要用收納物件來填滿他們，打造不同的收納可能。比如可直立分整的吊櫥、方便移動和組裝的塑膠抽屜，若是系統櫃，則有不同的牆面配件可選擇，這些都能為衣櫃的使用加分。

抽屜內分整規劃

抽屜是密閉空間，平日總隱藏著，所以容易會有「反正看不見，只要抽屜能闔起來就好」。久而久之，抽屜會先爆滿，放不進的衣服演變成丟在抽屜上方區域，讓整個衣櫃慘不忍睹。建議事前劃格子規劃，用分隔片或小盒籃，以組合排列的概念來安排自己的衣物類別，才能有效分整抽屜。

GOOD IDEA ｜ 依衣架設計做選用

海棉衣架	**寬版衣架**	**附夾衣架**	**多勾式衣架**
減少拉扯和吊掛痕跡。	有重量的大衣外套專用。	吊掛怕皺的裙子褲子。	收納額外配件不散亂。

好找不散亂的收納法則

衣櫃內的收整規劃，其實沒有既定的完美方式，但想要把衣物整理好，首先要了解自己的衣櫃亂源為何，以及比對衣櫃內的空間大小和使用習慣。

衣櫃亂源 1 空間沒規劃，衣物一直被往內塞

CHANGE! 打造衣櫃擺放無死角

若沒有依使用習慣或衣物種類規劃分整衣櫃，衣物就會不斷被推進衣櫃深處，導致爆滿又老是找不到衣服，或是忘記自己買過什麼種類，陷入一直重覆購買的輪迴裡。若家中是整座衣櫃，就必須有基本分類規劃，使用時一打開，才能清楚知道衣物位置；如果是使用塑膠衣櫃，最好挑選透明材質，從外觀就能辨別衣物種類，方便找尋和收納。

衣櫃亂源 2 衣物隨意摺或亂扔，空間總不夠

CHANGE! 摺衣&善用收納配件

學會摺衣，是衣櫃空間變大變廣的重要開關，只要懂得摺衣服的訣竅，衣櫃收納量馬上倍增，也避免衣服總是皺巴巴。此外，摺衣服除了按種類有不同摺法，也要參照自家衣櫃大小做微調，若像小資租屋族的衣櫃空間不大，或許除了摺衣亦可用捲收方式；若是一般家庭使用系統櫃，則要善用配件，有些衣物或配件改用立體吊掛，讓收納方式更多元。

衣櫃亂源 3 抽屜內很亂，記不住衣物放在哪

CHANGE! 做標示幫助記憶

如果衣物量很大，建議在抽屜外做標示，一方面幫助記憶，另一方面也規範自己只能在該抽屜放哪類衣物；而衣物換季也是，收納前先在收納用品外做標註，待來年換季時，就能快速找尋你要的類別。而像絲襪、內搭褲這類織品，因為數量多又容易買同色，可用小盒收納，外頭再貼標籤標註，以利辨認。

衣櫃亂源 4　衣物收進衣櫃時，習慣成落堆疊

CHANGE!　摺成同樣形狀收納

若能應用「方塊狀」、「捲收」、「露出圖案」…等各種摺法，再納入小盒小籃中，抽屜內的收納就會多樣化起來。好的摺法再加上收納用品，收納量不僅翻倍，早上出門前搭衣服也不必束翻西找，因為整個平展在眼前，好拿也好放回原處。

衣櫃亂源 5　衣櫃沒規劃，各類衣物全放一起

CHANGE!　善用箱盒分類組合

建議用小盒小箱把抽屜切割成各區塊，就能在一個抽屜中，收納好不同種類的織品。如果抽屜內高度不夠，市售的分隔片則可代勞，可剪裁成合用高度再組合，同樣是抽屜中分隔用的好幫手；每隔一陣子，更可因應衣物汰換的需求，重新分佈隔層大小，定期更新抽屜中的收納可能。

衣櫃亂源 6　軟質料不知怎麼收，只好亂塞亂放

CHANGE!　軟質料衣物定型收

軟質料衣物不易收整，像是絲、雪紡、棉質長裙…等，常會軟軟的一團不知該吊掛還是摺疊。這時，先看看衣櫃空間有多大，若吊掛區域比較有餘裕，可以用乾淨舊毛巾和衣架，吊掛收整軟質料衣物。反之，若抽屜空間大，就改成疊放收納進小型束口袋，或用絲襪剪成的圈圈套住、就不易散…等，都比隨意捲收或亂塞的方式來得佳。

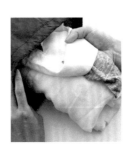

附把手好拿好堆高

可堆疊收納盒

居家用品店常售這類透明又格式統一的收納盒,多備幾個用來收納貼身衣物或襪子很方便,若附有把手就更好,好拿又方便堆疊。

填滿衣櫃的小隙縫

細長型收納盒

這類收納盒雖不能堆高,但可填滿衣櫃吊掛區下方的空位,或是衣櫃邊邊隙縫處,用「露出式」收納法陳列於一開門的正面區域。

收納小型織品或配件

多格設計收納盒

配件除了吊掛,也可參考多格子的收納盒,平面收整不同類的織品小物,亦可放在衣櫃吊掛區下方的空位,或塑膠抽屜上方。

有效利用吊掛區下方

透明抽屜組

塑膠抽屜有許多顏色選擇,但最好還是透明、能看到內部的才好辨認衣物;購買時,得因應吊掛區下方空間,選擇合適高度的抽屜。

GOOD IDEA

輔助分整的收納盒箱

善用盒箱的最大好處是,可以幫你填滿和規劃衣櫃中的小區塊。但是,每個盒箱中要放什麼種類,必須事先分類好,收納時就能整盒拿取進出衣櫃或抽屜;若少了事先分類規範,那就失去盒箱分整的意義。盒箱選購重點如下:

POINT1

透明可見

POINT2

方便堆疊

POINT3

形式統一

常見衣櫃收納解析

常見形式的衣櫃有幾大類，包含雙開式的木頭衣櫃、斗櫃、系統衣櫃、塑膠抽屜櫃、更衣室、鉻鐵衣架。除了針對這幾種衣櫃做收納分析，也教你衣櫃入去濕除味的小方法。

衣櫃去濕除味的素材

吸濕石

氯化鈣

衣櫃會有味道的主因，一是不常打開衣櫃通風，二是衣櫃塞太滿，三是衣物沒有被好好清洗和確實晾曬就被收進衣櫃中。

以下分享幾個小方法，輕鬆為衣櫃吸濕和認識除濕劑種類。

除濕劑的型式，有吊掛式、平擺式、集水式（袋裝或盒裝），不管是哪種，只要吸飽水就要定期更換；除濕劑的主要素材則包含吸濕石、氯化鈣、矽晶（俗稱水玻璃，可加熱重覆使用的材質），其中吸濕石和矽晶會吸濕，但不會完全變成水，但氯化鈣則會吸飽水氣後變成水一般的透明狀態。

TOOL1	TOOL2	TOOL3	TOOL4

吊掛式除濕劑
於衣櫃平日使用，不佔體積，亦不怕傾倒。

抽屜用除濕劑
最適合換季收納用，方便放置於抽屜中。

集水式吸濕盒
吸濕力強，但需定期更換，並得小心放置防傾倒。

用小蘇打粉天然吸濕
單用小蘇打粉或摻入乾燥香草一起用，為天然吸濕劑。

木頭衣櫃 & 斗櫃

雙開式或拉門式的木頭衣櫃,以及三斗櫃、五斗櫃,
是一般人家中最常見的衣櫃種類。由於隔層不夠細緻,
所以要加裝收納用品,才能輔助收整衣物。

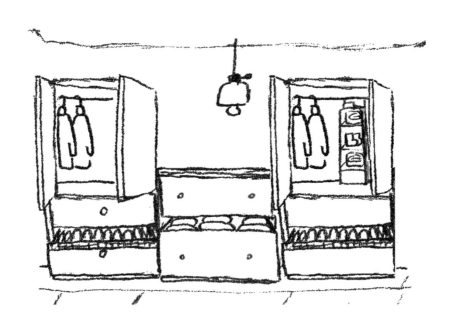

GOOD IDEA

分隔定位才不亂

衣櫃抽屜或塑膠抽屜內,除了放分隔片
之外,細長型的小格收納盒能幫助你不
浪費絲毫空間,把側邊也確實填滿,不
論收納內衣褲或小型織品都很合適。
只要一件件直接捲收,再放入收納盒,就
能讓抽屜內多一個收納方法。

a. 抽屜

分隔片劃分

除了立體收納，加裝分
隔片能幫助你做細緻分
類，也防傾倒。

b. 吊掛區

加裝吊櫥

軟質料衣物或圍巾，可
用立體收納的方式，一
捲一捲露出花色。

c. 吊掛區

加裝抽屜櫃

吊掛區下方的空隙，正
好塞進抽屜櫃，完全不
浪費收納空間。

收 納 優 點

advantages

▼

1. 價格平實，是普
   羅大眾家中最常
   見衣櫃。

2. 吊掛區下方需加
   收納用品，以利
   增量收。

3. 抽屜內規劃分
   整，用盒籃或分
   隔片劃區。

4. 樣式簡單、限制
   少，可變化多種
   收納法。

系統衣櫃

系統衣櫃由於是量身定作,所以在收納之前,就能依據使用習慣、需求和衣物種類做規劃,並且連小型配件、隔層都能一併考量進去,受到許多人喜愛。

GOOD IDEA

毛巾墊底防壓痕

若選用五金收納籃,放置衣物時,可混用不同摺法和小盒籃做排列組合;此外,在收納籃底部加條大毛巾,避免衣物放置時留下壓痕。

a. 吊掛區

加裝側邊滑軌架

側邊隙縫也有專用的滑軌衣架，用來吊掛領帶、皮帶…等各式配件。

b. 吊掛區

下方加裝可拉式掛架

衣櫃下方加裝可拉式的衣物掛架，不僅好拿而且平日可以收進衣櫃中。

c. 格櫃區

加裝小盒籃

衣櫃最旁邊可設立成排格櫃，用抽取式小盒收納貼身衣物。

d. 格櫃區

加裝五金收納籃

若有餘裕，最下方處可設收納籃，堆放衣物之外的物品。

收納優點

advantages

▼

1. 可按照使用需求和衣物種類事前規劃。

2. 五金配件樣式多，能立體吊掛或增量收整。

3. 細緻分割隔層，針對特定收納需求做設計。

4. 衣櫃材質、顏色、五金可依個人選擇配搭。

塑膠抽屜櫃

這種透明抽屜式衣櫃組，不僅能單一使用，也能放在很深的木頭衣櫃中，為傳統式衣櫃做巧妙隔層，不管是使用整理或是辨認衣物都相當順利。

GOOD IDEA

標註辨視才好找

透明抽屜組的外面可以加上標籤，標示每位家人的名字。或是標上春夏、秋冬季衣物，把衣物分成一盒一盒的，這樣換季更快速收整。而抽屜內可以加上分隔片或紙板，讓小件內衣、內褲或是襪子、褲襪…等等，能準確地一個個擺好而不會東倒西歪。

a. 抽屜

衣物直立擺放

衣物摺成方塊狀,再一件件立體放進抽屜,能收納最大量。

b. 抽屜

填滿側邊空間

抽屜的側邊空間,放置小格收納盒,有效利用隙縫。

c. 抽屜

區隔貼身衣物

怕變形的衣物,像是內衣,建議放長形收納小盒中個別收納。

小型織品分整

小型織品整堆放進抽屜很容易亂,用小盒分整各個種類好拿取。

收 納 優 點

advantages

1. 格層分明,透明收納好辨視。

2. 換季收納時,好搬運、快速疊放整理。

3. 可單一使用或組合成想要的數量。

4. 適合常常搬遷的租屋族,方便搬和歸位。

How To

Organize

A Closet

更衣室

更衣室是系統衣櫃的延伸版，只要家中有足夠空間，
就能規劃整座的衣櫃收納需求。此外再加入中島、五
斗櫃…等，以滿足衣物量大、種類又多的需求。

GOOD IDEA

小格小籃劃分整

更衣室抽屜裡通常會有已經設計好、
固定式的小格子，以利收納和衣物
配搭的配件或小型織品，但其實也可
以用市售的小格小籃做自己想要的分
整，每隔一陣子還能變化不同的收納
樣式，也很方便。

a. 吊掛區

分類吊掛並加裝配件
吊掛區外緣可加裝掛勾等小配件，當成衣物暫掛區。

b. 衣櫃上方

收納不常用物品
更衣室的上方可設計一區隔層，用來收納不常用的生活物品。

c. 吊掛區下方

下著衣物或鞋收納
更衣室空間大，分出一區收納褲子鞋子，用收納盒輔助。

d. 衣櫃側邊

吊掛大型衣物外套
善用衣櫃側邊的直角空間，設計可收納長大衣的區域。

收 納 優 點

advantages

1. 更衣室是系統櫃的收納升級版，變化更多。

2. 空間大，能納進中島和櫃體，收納更全面。

3. 吊掛空間多，展示收納讓使用者好找好拿。

4. 吊掛空間還可分上下層，立體收納量更多。

How To
Organize
A Closet

鉻鐵衣架組

小資族或租屋族常會考慮的鉻鐵衣架，價格親切、又可拆卸，但因為它的隔層太簡單，建議務必額外加上小抽屜或盒箱籃，才好分整衣物，避免散亂。

GOOD IDEA

打造衣物暫置區

鉻鐵架外面，只要裝上伸縮桿加多個 S 掛鉤，就能打造一處衣物暫置區域。暫置區域有許多用途，例如上班的前一天晚上，把衣物配搭好，隔天就立即穿搭出門，又或者是待手洗或近期要乾送的衣物，先放在暫置區，以幫助你記憶之後該打理這些需要另外處理的衣物。

此外，換季織品的部分，則可移至鉻鐵架的上方，收納被子、枕頭這類佔空間的大型織品。

a. 吊掛區

加裝格櫃或吊櫥

吊掛區域可加裝成排格櫃或吊櫥,幫助分層收整。

b. 上層區域

用收納盒堆疊擺放

可堆疊的收納盒和小型塑膠抽屜配搭,收整換季衣物或大型織品,置於少用到的衣櫃上方。

c. 中下層區域

塑膠抽屜組分格整理

利用塑膠抽屜組和衣物收納分格盒,把當季衣物放中下層。

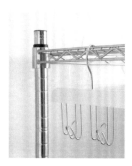

d. 側邊區域

網片加S掛鉤收配件

在側邊區域加裝網片和S掛鉤,收納領帶、皮帶、配件。

收 納 優 點

advantages

▼

鉻鐵架可隨著需求,左右延伸擴充數量。

先計算收納量的高度,再 自由變化組裝。

分層極簡化,故得加上收納物件輔助。

衣架本體可和多種專用收納籃共同配搭。

衣物的換季整理

Storing
Seasonal
Clothes

台灣四季較不分明，但仍有氣候轉換的尷尬期，依據家中的衣櫃數量，做不同方式的換季安排吧，在下個季節來臨前做好準備，幫助你的衣櫃或房間更有條理。

GOOD IDEA

善用盒箱
利於換季找衣

　　換季時，若只是把衣物塞進衣櫃，等到隔年，就會忘了衣服位置和買過的種類，建議善用可堆疊的盒籃加標示，換季時才會快。春夏衣服用有格子的小盒籃、秋冬衣用收納箱或塑膠抽屜，外頭註明衣物種類或家人名字；儘量用同類收納用品，讓堆疊和收整更加容易。

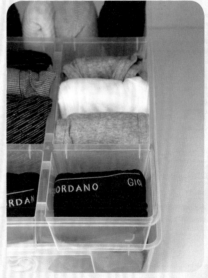

只有一個衣櫃時⋯

如果是租屋族，不得已得把四季衣物全納進一個衣櫃中的時候，建議從吊掛開始就分類，春夏衣物單薄也比較短，先擺進去，再依序擺放秋冬比較長版的衣物；常使用的衣物配件、貼身衣褲放在正面視線正中央。而櫃子的部分，上層放當季、下層放非當季，之後再輪替，才好用好拿。

單一衣櫃內部規劃

區塊 A 衣櫃上方的非視線區

非當季的被子

區塊 B 正面視線的吊掛區

需吊掛的衣物／貼身衣物用
小盒籃收整／常用配件

區塊 C 上層抽屜

可摺的當季衣物

區塊 D 下層抽屜

可摺的非當季衣物

有兩個以上的衣櫃時…

若是一般家庭，家中衣櫃不只一個的話，建議分兩大季收整：秋冬和春夏各一櫃，換季時就能快速替換。為讓換季效率更佳，大量衣物得摺收或捲收，再放進規格一致的收納盒箱籃櫃，才能好堆疊於櫃中，搬運也方便。

冬季衣物櫃	夏季衣物櫃
區塊A 衣櫃上方的非視線區	**區塊A** 衣櫃上方的非視線區
冬季被子	夏季被子
區塊B 正面視線的吊掛區上方	**區塊B** 正面視線的吊掛區上方
需吊掛的衣物外套／常用配件	需吊掛的襯衫Ｔ恤／常用配件
區塊B 吊掛區下方	**區塊B** 吊掛區下方
需防塵的冬季厚衣放收納箱／貼身衣物用小盒籃收	夏季貼身衣物用小盒籃收
區塊CD 抽屜區	**區塊CD** 抽屜區
可摺的冬季上衣／下著	可摺的夏季上衣／下著

換季去味清洗

擺在衣櫃中一季或兩季的衣櫃，收納久了，難免會讓衣物留下悶悶的味道，或是衣物表面出現黃斑或發霉，先將它們分別清潔整頓再置入衣櫃吧。

一般清洗

BASIC1

去除整件霉黃

以白醋加水，1:12的比例浸泡發黃衣物，隔夜之後再清洗或機洗。

BASIC2

局部去黃斑

調製小蘇打糊，敷在發黃領口或袖口，靜置一陣子再刷洗或機洗。

BASIC3

溫和漂白

若整件衣物偏黃或黯淡，浸入有氧系漂白水的水盆中，靜置一陣子再機洗。

BASIC4

去除味道

機洗之前，換季衣物先用香氛洗衣皂手洗，或用皂絲機洗整批衣物亦可。

附皮草的厚外套

STEP1

拆下人工皮草,用毛刷把皮草梳順,並去除表面灰塵。

STEP2

用溫和洗髮精,先搓洗一次人工皮草。

STEP3

著用潤絲精,把皮草梳順後用清水洗淨。

STEP4

用洗衣刷和冷洗精,刷洗易髒的袖口領口。

STEP5

如果汙漬實在太重,簡單清潔後再送乾洗。

皮衣清潔保養

STEP1

毛巾浸入加有中性清潔劑的水中，擰乾後擦拭皮衣表面。

STEP2

去除部分小汙漬後，再用乾布整體擦一次。

STEP3

準備另一條乾布，沾點市售的皮革專用保養油，接著再擦拭一次。

STEP4

最後可拿到通風處待乾，或將皮衣翻面再晾曬(請注意避開烈日)。

外套織品收納

厚重衣物、大型織品的整理雖然麻煩，但是這部分若做得好，能確實減少體積，讓衣櫃空間收納得更多。市售有許多收納用品，活用它們輔助分整，衣櫃會變得更清爽。

一般外套&大衣

WAY1

厚重又膨膨的冬衣，用捲收的方式，並讓圖案露出。　厚重又膨膨的冬衣，用捲收的方式，並讓圖案露出。

WAY2

使用有上蓋的布質收納盒，收納時能防塵又好堆疊。

WAY3

搬運型的收納箱，收納長大衣，放衣櫃最下方墊底。　蓋上收納箱蓋子前，放入除潮劑，減緩衣物發霉的情況。

WAY4

束口袋也是收納幫手，收整薄外套並做好分類，以減少體積。

軟質料衣物

WAY1

軟質料的衣物容易散，可用乾淨絲襪剪成圈套住收納。

WAY2

固定好的軟質料衣物，即便收進抽屜或吊櫥，都不容易散開。

羽絨外套

WAY1

收納前，羽絨外套先倒著拍一拍，避免羽絨因為重量而下拉。

收納時，把羽絨外套摺好，套進帽子中，就不易散開。

WAY2

若要收進箱盒，羽絨外套要放所有衣物最上面，因為長期擠壓會讓羽絨不膨鬆。

WAY3

如果需要吊掛，將帽子兩側往內翻，能夠減少帽緣部分的拉扯。

圍巾類

WAY1

數量眾多的圍巾,以捲收方式,置入吊櫥分整。

WAY2

用乾淨絲襪剪成一大段,套住整條圍巾防散開。

GOOD IDEA

圍巾的溫柔清洗

圍巾也算是貼身織品之一,所以定期手洗很重要。首先,注意洗標上的材質說明,若可水洗,浸入加了冷洗精的水盆中按壓,但不要拉扯或大力扭擰。

輕輕搓洗後,倒掉剛才清潔用的水,裝入清水再加一點柔軟精,放進圍巾(放置一下就拿起,不要浸著)。最後用清水洗清,用大條毛巾把圍巾按乾、溫柔去除水分,亦可用放入大型洗衣袋中鋪平,再以弱速脫水。晾曬時,需要平鋪或用200頁的圍巾晾法做處理。

被子

WAY1

輕薄材質的收納箱,附有拉鍊式上蓋,防塵收納被子。

WAY2

附有輪子的收納箱,置於衣櫃最下方,方便搬運。

WAY3

或用被子壓縮袋收納,抽掉空氣讓體積變小,而且防塵力更佳。

GOOD IDEA

被子的清潔整理

被子包含了被胎和被套,被套得依據材質做合適方式的定期清洗。清洗時,把被套扭轉成細長條,以一層層繞圈的方式置入洗衣機洗,以防打結。

而被胎的部分不建議水洗,整理時得先抖鬆、讓內容物能均勻分佈,單獨裝入收納袋或箱盒中。

曬被子時,包含羽絨、蠶絲、羊毛、棉…等材質,都不要在烈日下長時間曬(下午三點後的陽光比較溫和),可放被套於表面做保護,曬好後再抖鬆、讓熱氣散掉再收整。

衣物斷捨離

**Tidy Up
Clothes**

和曾經心愛的衣物分手並不容易,但是若想到它一直默默佔據衣櫃空間,而讓衣櫃老是處於爆滿狀態的話,其實就應該適時說掰掰了。

丟！	丟！	丟！	丟！
已經超過一年以上沒穿的衣物	不合身，太大或太小件的衣物	表面有毛球或吃進纖維的汙漬	無法和最近買的新衣配搭

你可能猶豫…

內心 OS.1
最近沒穿，但可能哪一天可能又會用得到吧。

內心 OS.2
我可以減肥，之後一定能穿上的。

內心 OS.3
一點點髒和毛球，洗一洗還能穿啦！

內心 OS.4
幾年前買的還很喜歡耶，再看有沒有機會穿好了！

實際情況…

已經超過一年，很難有穿上它的那天，因為舊的不去、新的不來，等新歡衣物入住衣櫃後，它只會一直被塞入衣櫃深處。

除非你有超人般的意志，能在一個月內減到理想體重，不然只不過是空想罷了。過度勉強自己並不是好事。

衣物不整潔會影響你的外在印象，早早分手展開新人生。

如果你的購衣模式是跟著流行走，那麼幾年前不穿的衣服，再過幾年還是在衣櫃冷宮裡，不會有重見天日的時候。

GOOD IDEA　舊衣再利用

退休後的衣物，其實還能拿來做生活中的其他用途。比如剪成長方形，就能和除塵拖把配搭，其靜電吸塵黏毛髮的效果，不會比除塵紙來差。手巧一點的，則可縫製成束口袋或狗狗的保暖衣物，或是剪成多個方塊並縫成一本書的樣子，大掃除時，能用來一次擦拭多個小區域，是拋棄式的效率抹布。

友善對待你的家，
會發現生活與人生都變得不一樣

和曾經心愛的衣物分手並不容易，但是若想到它一直默默佔據衣櫃空間，而讓衣櫃老是處於爆滿狀態的話，其實就應該適時說掰掰了。

從今日開始的家事計劃

START ↘	每日隨手	每週1次	每月1次	半年1次
客廳	桌面、地板簡單去塵。	地板去塵後，濕擦。	櫃子、地板及隙縫去塵後，濕擦。	窗戶及窗簾水洗清潔。
廚房	流理台區和瓦斯爐台，烹調後做基礎清潔。	抽油煙機清潔。	冰箱清潔去味。	集油盒清潔或更換。
浴室	洗手台和淋浴區、鏡面，浴後做清潔。用後清潔馬桶內部。	清潔馬桶的外部、壁面地面水垢，並加強潔白。	清潔蓮蓬頭、水龍頭水垢。	燈具及通風扇清潔。
臥室	用黏把或小工具去除床鋪或梳妝台灰塵。	地面、櫃子、角落去塵後再濕擦。	枕套、床單清潔晾曬。	窗戶及窗簾的固定清潔。

隨手家事清潔百科 天然掃除，不煩不累，讓家事變成只花一分力氣的小事

作　　者	收納 Play 編輯部
社　　長	張淑貞
總 編 輯	許貝羚
責任編輯	謝采芳
美術設計	關雅云
封面設計	黃祺芸
特約攝影	王正毅
插　　畫	張佳蕙
行銷企劃	曾于珊、劉家寧

發 行 人	何飛鵬
事業群總經理	李淑霞
出　　版	城邦文化事業股份有限公司　麥浩斯出版
地　　址	104 台北市民生東路二段 141 號 8 樓
電　　話	02-2500-7578
傳　　真	02-2500-1915
購書專線	0800-020-299

發　　行	英屬蓋曼群島商家庭傳媒股份有限公司城邦分公司
地　　址	104 台北市民生東路二段 141 號 2 樓
讀者服務電話	0800-020-299（9:30AM~12:00PM；01:30PM~05:00PM）
讀者服務傳真	02-2517-0999
讀者服務信箱	E-mail：csc@cite.com.tw
劃撥帳號	19833516
戶　　名	英屬蓋曼群島商家庭傳媒股份有限公司城邦分公司

香港發行城邦〈香港〉出版集團有限公司

地　　址	香港灣仔駱克道 193 號東超商業中心 1 樓
電　　話	852-2508-6231
傳　　真	852-2578-9337
新馬發行	城邦〈新馬〉出版集團 Cite(M) Sdn. Bhd.(458372U)
地　　址	41, Jalan Radin Anum, Bandar Baru Sri Petaling, 57000 Kuala Lumpur, Malaysia.
電　　話	603-9057-8822
傳　　真	603-9057-6622

製版印刷	凱林印刷事業股份有限公司
總 經 銷	聯合發行股份有限公司
地　　址	新北市新店區寶橋路 235 巷 6 弄 6 號 2 樓
電　　話	02-2917-8022
傳　　真	02-2915-6275
版　　次	初版一刷 2019 年 10 月 15 日
定　　價	新台幣 450 元　港幣 150 元

國家圖書館出版品預行編目（CIP）資料

隨手家事清潔百科 / 收納Play編輯部著. - 一版. -
臺北市：麥浩斯出版：家庭傳媒城邦分公司發行,
2019.10
　面；　公分
ISBN 978-986-408-542-2(平裝)
1.家庭衛生 2.家政
429.8　　　　　　　　　　　108016420